便携式强度型表面等离子体共振
生物传感器的研究与应用

齐 攀 著

西北工业大学出版社

西 安

图书在版编目(CIP)数据

便携式强度型表面等离子体共振生物传感器的研究与应用 / 齐攀著. — 西安：西北工业大学出版社，2024.2

ISBN 978-7-5612-9228-0

Ⅰ.①便⋯ Ⅱ.①齐⋯ Ⅲ.①生物传感器-研究 Ⅳ.①TP212.3

中国国家版本馆 CIP 数据核字(2024)第 056272 号

BIANXIESHI QIANGDUXING BIAOMIAN DENGLIZITI GONGZHEN SHENGWU CHUANGANQI DE YANJIU YU YINGYONG

便携式强度型表面等离子体共振生物传感器的研究与应用

责任编辑：朱晓娟		策划编辑：杨　睿	
责任校对：万灵芝		装帧设计：侣小玲	
出版发行：西北工业大学出版社			
通信地址：西安市友谊西路 127 号		邮编：710072	
电　　话：(029)88491757，88493844			
网　　址：www.nwpup.com			
印 刷 者：广东虎彩云印刷有限公司			
开　　本：710 mm×1 020 mm		1/16	
印　　张：8.75			
字　　数：171 千字			
版　　次：2024 年 2 月第 1 版		2024 年 2 月第 1 次印刷	
书　　号：ISBN 978-7-5612-9228-0			
定　　价：52.00 元			

如有印装问题请与出版社联系调换

前　言

表面等离子体共振(Surface Plasmon Resonance,SPR)生物传感器,将免疫反应的高特异性与SPR光电检测的高灵敏度结合起来,无须标记和专用检测设备,利用自组装单层分子膜技术对生物芯片进行化学处理,将其制作成与被测分子有特异性吸附作用的生物传感器,按照免疫学原理将分子作用转化为光学信号,并最终转化为电信号输出,再由计算机进行处理。该装置操作简便,灵敏度高,无须标记,成本低,检测实时、动态,在生物学、医学、化学、药物筛选以及环境监测、食品安全等领域具有巨大的应用潜力。然而,现有的SPR生物传感技术应用研究主要采用国外进口仪器,其价格昂贵,体积大,不方便携带,更不适于现场检测。在此背景下,本书开展了自主研制便携式SPR生物传感器及其应用的相关探索。

本书在系统分析SPR生物传感器研究现状和SPR生物传感技术理论的基础上,重点阐述自主研制便携式SPR生物传感器的方法,便携式SPR生物传感器用于免疫反应检测的数据处理、快速检测、降噪等一系列方法,以及便携式SPR生物传感器在食品安全检测和医药检测中的应用研究,有望对促进我国自主研制SPR生物传感器,以及推动其在食品安全、医药等领域的应用发挥积极作用。

本书可为从事SPR生物传感器研究及利用SPR生物传感器开展应用的科研人员、工程技术人员等提供参考与借鉴,还可作为高等学校相关专业学生的学习用书。

本书由齐攀撰写。撰写本书获得了广州番禺职业技术学院、暨南大学、广东交通职业技术学院的支持,在此,对支持本书撰写工作的人员及单位等给予由衷的感谢。在撰写本书的过程中,参阅了相关文献资料,在此谨对其作者表示感谢。

由于水平有限,书中难免存在疏漏之处,敬请广大读者批评指正。

著　者

2023 年 9 月于广州

目　录

第1章　SPR 生物传感器概述

从 20 世纪 80 年代 SPR 生物传感技术用于传感器研究领域以来,SPR 生物传感器逐渐成为传感器领域的研究热点。SPR 生物传感器具有免标记、灵敏、无损伤、实时、动态和检测快速等特点,特别是在测定生物大分子相互反应过程中的反应动力学常数和特性方面,具有独特的优势。从现有的研究状况来看,SPR 生物传感技术具备了在生物学、医学、化学、药物筛选以及环境监测、食品安全等许多领域广泛应用的潜力。本章将主要分析 SPR 生物传感器的国内外研究现状和进展,展望 SPR 生物传感器的发展趋势。

1.1　SPR 生物传感器的研究现状

生物分子之间的相互作用是生命现象发生的基础。一切生命过程都是生物分子之间或生物分子和其他物质分子之间进行接触,相互作用,发生物理和化学变化所引起的。在生命科学领域,对生物分子的研究是一项非常重要的基础性工作。当今,生命科学成为引领科学,已发展到在分子水平上研究与生理、病理相关生命活动的机理,阐明生物分子结构与功能的关系,并在细胞、组织、器官水平上加以整合,从而揭示生命现象的本质。生物芯片技术的出现,通过像集成电路制作过程中半导体光刻加工那样的缩微技术,将现在生命科学研究中的许多不连续的、离散的分析过程,如样品制备、化学反应、定性检测和定量检测等,集成于指甲盖大小的硅芯片或玻璃芯片上,使这些分析过程连续化和微型化,极大地推动了生物医学研究的进展。生物芯片检测是生物芯片技术的关键,传统的生物芯片检测方法主要包括荧光标记成像法、生物素标记法、质谱法等,但这些方法在应用时或出现标记的不利影响,或出现难以开展的高分辨、高通量检测等问题,而无须标记的 SPR 生物传感技术为生物芯片检测提供了新的方法。

SPR 生物传感技术是利用 P 偏振光(简称 TM 波或平行偏振波)在玻璃

与金属薄膜界面处发生全反射时进入金属薄膜内的倏逝波,引发金属中的自由电子产生表面等离子体,当倏逝波的波矢与表面等离子体的波矢相匹配时,二者将发生共振,入射光的能量被表面等离子体吸收,反射光强急剧下降,在反射光谱上出现共振峰(即反射强度最低值,此时对应的角度称为 SPR 角),这一现象称为 SPR 效应。当紧靠在金属薄膜表面的介质折射率稍有变化时,SPR 角的位置也随之改变,反射光的相位和强度均发生变化,随之可以通过探测样品折射率的微小变化,实现对样品的生化分析。例如,将探针或配体固定于传感芯片(金属薄膜)表面,当含待分析物的样品流经传感芯片表面,分子间发生特异性结合时,会引起传感芯片表面的折射率改变,通过检测 SPR 信号的改变可实现检测分子间相互作用的特异性、浓度、动力学、亲和性、协同作用、相互作用模式等。基于 SPR 生物传感技术的生物传感器实现对生物分析的无扰、实时、原位、动态检测,相对其他一些传感技术,能提供更为丰富的信息。

国外在 20 世纪初就对 SPR 效应有初步的认识,但一直没有找到适用于传感的激励等离子体共振的方法,因此不被人们重视。1902 年,Wood 首次描述了由表面等离子体波激发引起的光栅异常衍射现象,但是当时人们无法通过理论解释这种现象。1941 年,Fano 通过建立金属与空气界面的表面电磁波激发模型,对这种效应进行了理论解释。1968 年,Otto 和 Kretshmann 证明了通过衰减全反射的方法可以实现光波激发 SPR。1983 年,瑞士 Liedberg 等人首次采用棱镜全反射波导耦合倏逝波激励等离子体共振技术测定免疫球蛋白 G(IgG)与其抗原相互反应后衰减全反射方式,尤其是 Kretshmann 棱镜结构开始广泛应用于 SPR 生物传感器中。

20 世纪 90 年代,国外对 SPR 生物传感技术的研究发展十分迅速,已发展出许多种基于 SPR 生物传感技术的生物传感器。SPR 生物传感技术具有生物样品不需要纯化,生物样品无须标记,检测过程方便、快捷等特点,使得其在过去的几十年里迅速发展成为一种重要的生物传感(芯片)分析方法。近年来,国外少数几家公司已有生产和商用 SPR 仪器,如瑞典 Biacore AB 公司生产的 BIAcore 系列。BIAcore 系列仪器由液体处理系统、光学系统、传感器芯片和微机组成,检测原理为 Kretschmann 棱镜模型。但 BIAcore 系列仪器多为全自动操作,具有较高的价格(20 多万美元)和较庞大的体积(例如 BIAcore 2000 的体积为 760 mm×350 mm×610 mm,净重达 50 kg)。2000 年,美国 Texas Instruments 公司推出了只有硬币大小、价格较低的便携式 SPR 仪器——Spreeta 2000,该仪器使用 LED(发光二极管)作为光源,光源发出的光经偏振片后照射到 SPR 芯片上,并经过两次反射照射到光电二极管阵列上,通过检测反射光束光强分布获取 SPR 曲线,据此进行检测。但由于该仪器上的金膜封装在传感器上,不利于生化实验的修饰,给生化实验带来很大的不便。美国 Nomadics 公司与美国 Texas Instruments 公司在 2006 年研制出了小型化 SPR 仪器——SensiQ,该仪器折射率测量范围较大(可达 1.32 ~ 1.40),但该仪器的传感器拆卸不方便,流通池固定不紧时容易漏液,只能实现半自动进样。英国 Windsor Scientific 公司推出的低价 SPR 仪器,相对比较紧凑、小巧、坚固,该仪器系统建立在对入射光进行角度扫描的基础上,但是为了保证紧凑的体积,系统可变化的角度范围仅为 ±6°。这些价格较低的小型 SPR 仪器,在测量范围或灵敏度或易操作性等方面都较有限,有的只能作为用于检测少数样品的专用仪器。国内尚没有被广泛使用的商品化 SPR 仪器,南开大学、东南大学、清华大学、中国科学院长春应用化学研究所和中国科学院电子学研究所均自行研制了 SPR 生物传感器。其中中国科学院电子学研究所的产品比较成熟,已装配了几台样机供国内几家科研单位和高校试用。另外,中国科学院长春应用化学研究所也将研制出的样机供国内几家高校试用。但由于起步较晚,国内单位研制的产品基本上属于模型机,比较简陋,距产品化还有一定距离。

近年来,生命科学、环境监测、食品安全等领域,对高通量、多通道、多样品点的生化分析需求迫切。将单点检测扩展到单点二维扫描式检测来实现多样品点或阵列式样品检测是一种很自然的想法。但为了保证光束在样品上的入射点在角度旋转过程中不漂移,多采用柱面镜耦合方式[见图 1-1(a)],因为棱镜耦合方式光束在样品上的入射点在角度旋转过程中很容易漂移[见图 1-1(b)],影响检测精度,而柱面镜耦合方式要求入射点在半圆的圆心,角度旋转中心也在圆心,在二维扫描中无法保证这种方式的实现。因此,一直没有实现将单点检测扩展到单点二维扫描式检测来实现多样品点或阵列式样品检测的这种想法。表面等离子体共振成像技术(Surface Plasmon Resonance Imaging,SPRI)的出现,不仅能实现在一块芯片上对不同生物分子进行检测,提高 SPR 生物传感器的检测速度,还能更为直观、实时监测生物分子间相互作用的动力学过程,是目前研究 SPR 生物传感器的又一热点。目前对高通量 SPR 生物传感器的研究主要集中在成像型 SPR 结构上,而在 SPR 成像技术中,探测平行光束只能以一个固定不变的角度入射,只有个别阵列样品点满足该共振条件。因此,只能通过阵列样品强度图像中不同样品点的强度差异,利用共振状态附近强度和折射率之间的关系,来对不同样品点的折射率进行比较与分析。信号光束强度受到光源的稳定性、温度、CCD(电荷耦合器件)的电子噪声等许多因素的影响,强度和折射率的关系也不是线性关系,导致其信噪比和探测灵敏度大为降低,通常只能进行定性分析而不能进行定量分析。

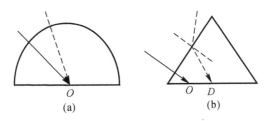

图 1-1　SPR 生物传感技术的棱镜耦合方式
(a)柱面棱镜耦合方式；　(b)平面棱镜耦合方式

随着生命科学技术的不断发展,SPR 生物传感技术在各类生物体系测定中的研究更为深入,市场对 SPR 生物传感技术的要求也越来越高,使得提高SPR 生物传感器的性能,特别是通过采用新型传感装置和检测技术来实现高分辨检测,成为当前及未来研究 SPR 生物传感技术的趋势之一。已有研究表明,采用相位信号探测方式(相位信号探测型 SPR 生物传感器),理论上可达 10^{-8} RIU(折射率单位)的探测分辨率,相比强度型 SPR 生物传感器提高了两个数量级,但是目前采用这种方式的商用 SPR 生物传感器并不常见,究其原因主要有以下几方面:

(1)相位信号探测方式需要采用光波干涉技术,所需装置复杂、工作环境要求苛刻,而且其抗噪能力差。

(2)目前应用于 SPR 相位信号探测的主要有双光束干涉技术。双光束干涉技术要求参与干涉的两光束强度不能相差太大,以便获得较好的干涉信号对比度和高的信噪比。而在 SPR 生物传感技术中,由于参与干涉的探测物光波被共振吸收,光强大幅度减弱,导致物光波和参考光波光强不匹配。为了使两者匹配,可减弱参考光波的强度,但减弱参考光波的光强,又会导致干涉信号过于微弱、信噪比低等现象,不利于探测。

(3)相位信号探测方式的动态测量范围较窄,一般的生物反应在很短的时间内就可能超过可测量的范围,因此要求采集信号的速度必须足够快。

从国外和国内的发展来看,SPR 生物传感技术主要用于微生物分析和DNA(脱氧核糖核酸)分析。例如:研究 Smad1(信号转导分子 1)和 CHIP(染色质免疫沉淀)之间的特异性反应、免疫缺陷病毒;研究抗生素作探针的蛋白质芯片、在胃癌细胞(BGC823)中检测 EGFR(表皮生长因子受体);利用 SPR 生物传感技术进行葡萄糖浓度和抗生素的检测;研究干涉型 SPR 生物传感技术,选取最佳传感膜,检测甲烷气体,研究 DNA 芯片上的杂交反应;研究检测信号增强的方法、α 辅肌蛋白,对毒素脂多糖与几种生物分子之间的相互作用进行动力学分析;研究利用分子印迹聚合物膜实现对血红蛋白的检测;研究将尿微量白蛋白的抗体通过巯基自组装固定于筋膜表面,实现对该蛋白的快速检测;研究蛋白质膜和纳米颗粒内部的交互作用;研究用鸡蛋蛋黄抗体(IgY)测定人血清中转铁蛋白;研究检测卵巢肿瘤标志物(CA125)血清抗原;研究药物血浆蛋白质浓度或结构方面的信息;研究测定胰岛素抗体;研究检测血管内皮生长因子(VEGF);研究持续监测被培养的细胞在暴露于多种刺激物情况下的形态学变化;等等。

随着 SPR 生物传感技术在不同领域应用研究的深入开展,逐渐形成了一些新的研究热点。例如,金属微纳结构的表面等离子体的物理机理和应用技术的研究是目前国际上纳米科技一个非常重要和前沿的研究领域,利用单个金属纳米粒子或纳米粒子阵列局域表面等离子体共振效应(Local Surface Plasmon Resonance,LSPR)的传感探测技术,可以有效提高 SPR 生物传感器的选择性、空间分辨率、可集成性等,已经成为传感探测领域研究的一个重要方向。SPR 生物传感技术与其他学科的交叉也是一个研究热点。例如,SPR 生物传感技术是生物学与物理学原理相结合的一个成功的例子。近几年,随着各个领域的相互渗透和交叉发展,SPR 生物传感技术与超分子科学、自组装技术等多学科相结合、相交叉,将进一步促进 SPR 生物传感技术的发展。

1.2　SPR 生物传感器的发展趋势

由于 SPR 生物传感技术与其他传统分析方法相比,有着无可比拟的独特优势,所以它在许多重要领域有着巨大的市场潜力,并且保持着快速的发展。市场的强烈需求,使提高 SPR 生物传感器性能,实现高灵敏度、多通道或高通量检测、微型化与集成化,采用新型传感装置和检测技术,以及拓展新的应用领域成为当前及未来 SPR 生物传感器发展的主要方向,下面仅介绍其中几个方向。

1. 提高检测灵敏度

目前的商用 SPR 仪器探测的极限约为 $1\ pg/mm^2$,探测的分子深度约为 200 nm。通过优化 SPR 仪器的光学部件,发展有效的参比方法和数据处理方法,可以提高 SPR 仪器的分辨率,降低仪器的检出限,有利于实现对小分子、低浓度的探测,进而达到可以实现单分子样品检测水平。对小分子样品的检测可采用抑制模式和夹心模式。抑制模式是将已知数量的待测小分子样品固定在生物芯片表面,在样品中加入过量的对应的大分子,则样品中的待测小分子与对应的大分子相结合,然后样品与生物芯片反应,样品中的待测小分子与生物芯片上的待测小分子为抑制关系;而夹心模式是将待测小分子样品直接连接在大分子载体上,或者应用纳米技术,以纳米粒子作为载体。

2. 多通道或高通量检测

实现多通道检测有两个最显著的优点:第一,利用多通道可实现一次检测多个样品,实现高通量检测,这在药物筛选中的需求极为迫切;第二,引入参考通道,可以消除缓冲液变化引起的基线折射率的变化、温度漂移带来的噪声因素等。目前几乎所有研发 SPR 仪器的公司,都在致力于发展多通道检测的SPR 仪器。其中:强度型 SPR 生物传感器,更多的是基于强度 SPR 成像的传感系统(SPR imaging 或 SPR microscopy)实现高通量的检测应用;相位探测方式型 SPR 生物传感器,更多的是利用 S 偏振光作为参考通道实现降噪。

3. 微型化和集成化

临床检验和实际应用要求 SPR 仪器要便携式、微型化,需要在敏感元件上集成更多的器件。传统的 SPR 仪器体积庞大,价格昂贵;微型化带来的好处是大大降低其价格,从而使其更快地进入各个生化检测和分析领域;集成化会使 SPR 生物传感器在稳定性上有很大的提高。SPR 仪器的集成化发展可以从三个方向入手:第一,光学器件的缩小;第二,流路系统的缩小;第三,终端显示系统的缩小。光学器件的缩小主要靠高精度的光学棱镜和机械仪器实现。流路系统的缩小主要借助于微流控技术,首要解决的问题是进样,其中:一种方法是利用微泵实现,这种方法需要精确的电路控制,因此其结果也是较为精确的;另一种方法是采用无动力进样,利用压力、毛细力、重力等动力源来进样。终端显示系统的缩小相对容易,随着智能手机等的飞速发展,可以用其代替电脑终端从而更好地实现仪器的小型化。

1.3 本章小节

首先,简要介绍了 SPR 生物传感技术的特点。其具有免标记、灵敏、无损伤、实时、动态和检测快速等优点,这些优点使其成为一种重要的生物芯片检测技术,在测定生物大分子相互反应过程中的反应动力学常数和特性方面中发挥了重要作用。其次,详细阐述了 SPR 生物传感器的研究现状。20 世纪初对 SPR 生物传感技术有了初步认识,20 世纪 90 年代 SPR 生物传感技术得以迅速发展,报道了许多基于 SPR 生物传感技术的 SPR 仪器。随着市场对 SPR 生物传感技术要求的提高,人们发展出了表面等离子体共振成像(SPRI)技术、利用单个金属纳米粒子或纳米粒子阵列局域表面等离子体共振效应(LSPR)的传感探测技术、采取相位信号探测方式的表面等离子体共振生物传感技术等,使得 SPR 生物传感技术的应用领域越来越宽。最后,展望了 SPR 生物传感器的发展趋势。针对 SPR 生物传感器的应用需求,目前国内外研究者主要致力于以下几方面的研究:一是进一步提高其检测灵敏度,达到可以实现单分子样品检测水平;二是实现多通道或高通量的检测,以满足药物筛选等领域需要进行大量检测的需求;三是充分发挥其快速检测特点,设计便携式系统,可进行现场快速检测。

第 2 章　SPR 生物传感技术的基本原理

在金属和电介质交界处,入射光在适当的条件下引发金属表面的自由电子共振的一种物理现象,称为 SPR 效应。SPR 效应对附着在金属表面的电介质的折射率变化非常敏感,而折射率是所有材料的固有特征,使得基于 SPR 效应的生化分析技术不需要对样品进行标记,就可通过探测样品折射率的微小变化,实现对样品的生化分析。本章将详细分析 SPR 现象的电磁学基础、SPR 的光学实现方法及 SPR 生物传感器的结构和工作过程。

2.1　SPR 现象的电磁学理论

SPR 现象产生于具有复介电常数特性的金属表面,可以用电磁波在金属包层的平板介质波导理论进行分析。由于在金属包层内,电磁场仅在很薄的一层内以衰逝场的形式存在,所以在光频电场作用下,可在金属层内激起等离子体振荡,在金属和介质的交界处,可以出现等离子体表面波(Surface Plasmon Wave,SPW)。

等离子体是一种以自由电子和带电离子为主要成分的物质形态,广泛存在于宇宙中,常被视为是物质的第四态,称为"等离子态",或者"超气态",也称"电浆体"。

金属等离子体,从金属元素原子构造的共同特点来说,因为金属最外层电子(价电子)的数目少(一般为 1~2 个),而且它们与原子核的结合力很弱,所以使其很容易摆脱原子核的束缚而变成自由电子。当大量的金属原子聚合在一起构成金属晶体时,绝大部分金属原子都将失去其价电子而变成正离子,正离子又按一定几何形式规则地排列起来,并在固定的位置上做高频率的热振动。而脱离了原子束缚的那些价电子都以自由电子的形式,在各离子间自由运动,它们为整个金属所共有,形成所谓的"电子气"。金属晶体中的自由电子与作为核心的正离子所带的总电荷为零,呈电中性,可以看作是一种等离子体模式。如果该系统的平衡状态被扰乱,"电子气"将形成一种密度的振荡,可被称为等离子体振荡。假定研究的体系是一个半无限大的块状金属体,如果电子群在某一时刻由于自由运动偏离了其平衡位置,那么这个电子群就会受到一种使它们返回到原来位置的恢复力的作用。当到达平衡位置时,它们将获得和初始位移势能相等的动能,并将继续通过平衡位置向前运动,直到全部动能重新转变为势能为止。如此反复,电子群形成一种周期性的电子集体简谐振荡(振荡能量约为 10 eV 量级),等离子体的振荡频率为

$$\omega_{\mathrm{p}} = \sqrt{\frac{Ne^2}{m\varepsilon_0}} \tag{2-1}$$

式中:N 为正、负电荷数密度;e 为一个电子的带电量;m 为一个电子的质量;ε_0 为真空介电常数。

金属中"电子气"的等离子体介电常数 $\hat{\varepsilon}$ 是电磁波频率 ω 的函数,当无碰撞时,其实部和虚部可描述为

$$\left.\begin{aligned} \mathrm{Re}\,\hat{\varepsilon} &\approx 1 - \left(\frac{\omega_{\mathrm{p}}}{\omega}\right)^2 \\ \mathrm{Im}\,\hat{\varepsilon} &\approx \frac{\beta}{\omega} - \left(\frac{\omega_{\mathrm{p}}}{\omega}\right)^2 \end{aligned}\right\} \tag{2-2}$$

当电磁波的角频率 ω 小于等离子体的角频率 ω_{p} 时,等离子体介电常数 $\hat{\varepsilon}$ 的实部是负实数。在光频范围内,一般金属的复介电常数都符合上述条件,此时电磁波振幅或能量会随在金属的传播距离呈指数衰减。当电磁波的角频率 ω 大于等离子体的角频率 ω_{p} 时,等离子体介电常数 $\hat{\varepsilon}$ 的实部是正实数,且虚部趋近于零,此时电磁波能穿透金属,金属变得"透明"。金属的等离子体频率一般是在紫外的范围,因此这种现象也称为金属对紫外光的透明性。

在金属薄膜表面,电子的横向运动(垂直于表面方向)受到表面的阻挡,因此在表面形成了电子浓度的梯度分布,并由此形成局限于表面的等离子体振荡,其振幅随着离开分界面的距离呈指数衰减,这种沿着金属与电介质分界面传播的表面波只能是 P 偏振光。也就是说,磁场矢量平行于分界面,而垂直于电磁波的传播方向。它是麦克斯韦方程组在具有负实数介电常数的物质(如金属)与具有正实数介电常数的电介质的分界面上的解。表面等离子体波沿着交界面传播,并在与交界面垂直的方向上呈指数衰减。

SPW 的传播常数 β 可表示为

$$\beta = \frac{\omega}{c}\sqrt{\frac{\varepsilon_1\varepsilon_2}{\varepsilon_1 + \varepsilon_2}} \tag{2-3}$$

式中：ω 为角频率；c 为光波在真空中的传播速度；ε_1 是金属的介电常数；ε_2 是介质的介电常数。其中，ε_1 与 ε_2 的值均依赖于角频率 ω。

如图 2-1 所示，k_{SPW}（SPW 波矢沿金属与电介质分界面的 Z 轴传播方向的分量）的色散方程，可以表示为 SPW 传播常数 β 的实数部分，即

$$k_{\mathrm{SPW}} = \mathrm{Re}\beta = \mathrm{Re}\left(\frac{\omega}{c}\sqrt{\frac{\varepsilon_1\varepsilon_2}{\varepsilon_1 + \varepsilon_2}}\right) \tag{2-4}$$

水平偏振的入射光在 Z 方向上与金属表面平行的 k_z 为

$$k_z = \sqrt{\varepsilon_0}\,\frac{\omega}{c}\sin\theta \tag{2-5}$$

式中：ω 为入射光的角频率；c 为入射光在真空中的波速；ε_0 是入射光所在介质（系统中为棱镜）的介电常数；θ 为入射角。

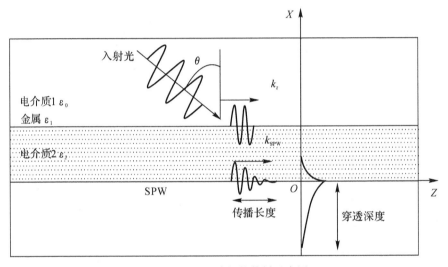

图 2-1　SPW 波矢的传播示意图

2.2　SPR 的光学实现方法

为了利用 SPR 现象实现传感功能，必须通过光学的方法去耦合表面等离子体波，也就是说，探测光的波矢必须与表面等离子体波的波矢相匹配，即入射光除了必须具有与 SPW 相同的能量外，还要具有相同的动量。因此，水平偏振入射光在 Z 方向的波矢与 SPW 波矢必须相等。另外，当表面等离子波存在时，k_{SPW} 必须具有实部，由式（2-4）可知，金属的光学属性必须满足条件：

$-\mathrm{Re}\varepsilon_1>\mathrm{Re}\varepsilon_2$。在可见光范围内满足此条件的金属只有金、银、铜、铝等少数几种。由于金的化学性质更稳定,所以金膜在 SPR 检测中最常见。

当水平偏振入射光在 Z 方向的波矢与 SPW 波矢相等时,会激发表面等离子体共振现象,此时入射光的大部分能量被 SPW 吸收,使得反射光强最弱,在反射谱上出现共振峰。当紧靠在金属薄膜表面的介质的折射率不同时,共振峰位置将不同。共振条件为

$$k_z = k_{\mathrm{SPW}} \tag{2-6}$$

即

$$\sqrt{\varepsilon_0}\,\frac{\omega}{c}\sin\theta = \mathrm{Re}\left(\frac{\omega}{c}\sqrt{\frac{\varepsilon_1\varepsilon_2}{\varepsilon_1+\varepsilon_2}}\right) \tag{2-7}$$

此时,θ 为共振吸收角。可见,它是棱镜介电常数 ε_0、金属介电常数 ε_1 和样品介电常数 ε_2 的函数。在棱镜和金属膜确定以后,SPR 角只与样品的介电常数有关。

2.2.1　衰减全反射(ATR)耦合方式

如图 2-2 所示,一束光倾斜照射到介质表面,入射光线和介质表面法线构成入射面。入射光的电矢量可以分解为两个相互正交的偏振光分量,分别为垂直于入射面的 S 偏振光和平行于入射面的 P 偏振光。由于 S 偏振光的电场与界面平行,介质表面的电子不受其影响,所以 S 偏振光无法激励表面等离子体共振。而 P 偏振光的电场垂直于界面,因而可激励起表面电子密度起伏并形成介质表面的 SPR,因此 P 偏振光是激发 SPR 的必要条件。

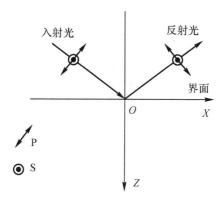

图 2-2　入射光波的 P 偏振光分量和 S 偏振光分量

当光束从光密介质(折射率为 n_1)入射到光疏介质(折射率为 n_2),即 $n_1 >
n_2$ 时,若入射角等于某临界角 θ_c,则入射光会沿着和分界面相切的方向射出。
若入射角大于临界角,则会发生全反射现象,即全部入射光反射回光密介质,
该临界角 θ_c 称为全反射临界角,即

$$\theta_c = \arcsin \frac{n_2}{n_1} \qquad (2-8)$$

需要指出的是,在 SPR 研究中光密介质(棱镜或玻璃)与光疏介质(样品
溶液)之间有一层金属薄膜,计算临界角时,如果样品溶液对光的吸收很小,那
么可不考虑金属膜,用棱镜和溶液的折射率值计算即可。

在全反射过程中,光波在反射面的外侧不会立即全部反射回光密介质,而
是投入光疏介质很薄的一层表面(约 1 个光波波长),并沿分界面继续传播(传
播距离约为 1 个光波滤长),最后返回光密介质。投入光疏介质表面的波称为
消逝波(见图 2-3),亦称消失波、倏逝波或衰逝波。

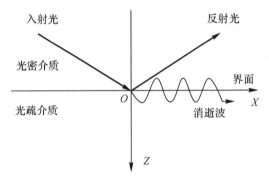

图 2-3 全反射情况下的消逝波

消逝波的振幅会随着进入光疏介质的深度呈指数衰减。其衰减系数为
α,衰减的有效距离 d_s 可由波动方程导出:

$$d_s = \frac{1}{\alpha} = \frac{\lambda_0}{2\pi}(n_1^2 \sin^2\theta_1 - n_2^2)^{-1/2} \qquad (2-9)$$

d_s 的数量级约为 1 个光波波长。如果光疏介质很纯净,不存在对消逝波
产生吸收、散射的物质,消逝波会沿光疏介质表面在 X 方向传播约 0.5 个光
波波长,再返回光密介质。消逝波的有效深度一般为 $100 \sim 300$ nm。若金属
膜的厚度为 50 nm 左右,则消逝波在金属与待测物的界面仍起作用。

前文提到,在没有吸收和损耗的情况下,虽然在光疏介质中存在消逝波,
但它并不会向光疏介质传输能量,即反射光强度不会衰减。但若光疏介质中

存在具有吸收性的介质,则介电响应与电场的耦合效应会破坏全反射的条件,此时即使 θ 大于 θ_c,反射率 R 也将小于 1,即反射光的能量产生了损失。能量的损失有两种途径:一种是吸收介质对能量的吸收,其程度与介质的吸收系数有关,此种途径引起的能量损失称为衰减全反射(Attenuated Total Reflection,ATR);另一种是非吸收性透明物质的存在,使部分入射光透过反射面发散,其能量损失与介质的折射率有关,此种情况引起的能量损失称为受抑全反射(Frustrated Total Reflection,FTR)。在实际工作中,这两种情况一般同时发生,吸收系数将随着折射率变化,因此,将两种情况统称为衰减全反射。SPR 正是利用衰减全反射,使光的全反射能量下降,产生 SPR 共振峰。

图 2-4 为表面等离子体波的色散曲线。由图可见,SPW 的波数(或动量)的色散曲线始终与外界平面光波的色散曲线没有交点。如前文所述,一般情况下,表面波传播的波数总是大于直接入射光波的波数,也就是说,光子不能通过直接入射的激励光与表面等离子体耦合。要想使内部的光与外部的光波耦合,需要采用适当的方法,改变两者色散曲线的相对位置,使二者有交点。也就是说,使二者有共同的波数 k 和角频率 ω,从而产生共振。波数 k 与波长(距离)有关,角频率 ω 与频率(时间)有关,两个波要发生共振,波数和角频率必须都相等。只有发生共振,表面等离子体波才能形成辐射态,即转变为光;反之,光才能转变成表面等离子体波的能量。

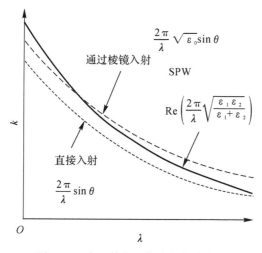

图 2-4　表面等离子体波的色散曲线

当光波入射到棱镜(棱镜的折射率 $n_p > 1$)和真空的交界面时,会发生全反射。全反射后,产生了消逝波,它沿着分界面传播,并沿真空方向呈指数衰减。用 θ 表示光波的入射角, k_{ATR} 是原光波中消逝波部分,可表示为

$$k_{ATR} = \left(\frac{\omega}{c}\right) n_p \sin\theta \qquad (2-10)$$

全反射要求 θ 满足

$$1 < n_p < \sin\theta < n_p \qquad (2-11)$$

若入射光波是 P 偏振光,通过引入电介质(例如棱镜),则外部的 P 偏振光在电介质与金属的全反射的反射面边界附近产生一个形式类似于表面等离子体振荡的场。这意味着,金属膜靠近消逝波的衰减范围内,当 $k_{ATR} = k_{SPW}$ 时,表面等离子体能够被光波激发,即条件为

$$\left(\frac{\omega}{c}\right) n_p \sin\theta = \text{Re}\left(\frac{\omega}{c}\sqrt{\frac{\varepsilon_1\varepsilon_2}{\varepsilon_1 + \varepsilon_2}}\right) \qquad (2-12)$$

式中: ε_1、ε_2 分别是金属和样品的介电常数。

通过改变入射角 θ,入射光在 SPW 传播方向(Z 方向)的波矢可达到与 SPW 波矢相等的状态,从而激发 SPR,这种光子到表面等离子体的能量转换过程表现为光的全反射光强曲线在表面等离子体频率附近出现一个深深的吸收峰,如图 2-5 所示。

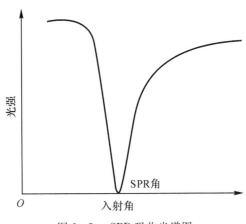

图 2-5 SPR 吸收光谱图

该方法由 Otto 提出,并得到了实验证明。此时的入射角 θ_{SPR} 为共振吸收角,它是棱镜介电常数、金属的介电常数和样品的介电常数的函数。实验中,在棱镜和金属薄膜确定后,共振吸收角只与样品的介电常数有关,这是 SPR 检测样品折射率的基本原理。

实验中,光源(入射光)的波长一般在可见光和近红外区域。前文已讨论过,金属膜的复介电常数的实部远远大于其虚部,即 $\varepsilon_1 = \varepsilon_s + \mathrm{i}\varepsilon_x$,且有 $|\varepsilon_s| \gg \varepsilon_x$,介电常数与介质的折射率的二次方成正比。因此,可根据 *SPR* 角求出待测样品的折射率。又因为 $\mathrm{Re}\varepsilon_1 < 0$,所以在 $\mathrm{Re}(\varepsilon_1 + n_2^2) < 0$ 时才能产生表面等离子体共振,式(2-12)可简化为

$$n_\mathrm{p}\sin\theta = \sqrt{\frac{\mathrm{Re}(\varepsilon_1 \cdot n_2^2)}{\mathrm{Re}(\varepsilon_1 + n_2^2)}} \tag{2-13}$$

因此被测样品的折射率 n_2 可由下式表示:

$$n_2^2 = \frac{\mathrm{Re}(\varepsilon_1 n_\mathrm{p}^2 \sin^2\theta)}{\mathrm{Re}(\varepsilon_1 - n_\mathrm{p}^2 \sin^2\theta)} \tag{2-14}$$

通过 ATR 棱镜耦合、光纤耦合、光波导或光栅耦合都可以实现激励光与表面等离子体波的能量耦合。棱镜耦合的 ATR 方法是一种最巧妙和有效的引发 SPR 的方法,也是目前普遍采用的 SPR 激励方式,也正是由于该方法才使 SPR 生物传感技术有机会广泛应用于生化检测领域。两种 ATR 结构模型被先后提出,分别是 Otto 结构模型和 Kretschmann 结构模型(见图 2-6)。

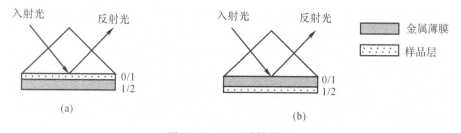

图 2-6　ATR 结构模型
(a)Otto 结构模型;　(b)Kretschmann 结构模型

2.2.2　Otto 结构模型

1968 年,Otto 首先提出了一种利用激励光来激发 SPW 的技术,称为 Otto 结构模模型或者 Otto 几何结构,如图 2-6(a)所示,入射光束在棱镜内部做全反射。棱镜与金属薄膜之间为样品层,要求样品层非常薄。在棱镜与样品层的分界面上,消逝波穿透样品层,在样品层与金属分界面激发 SPW。

该装置的样品层厚度取值非常重要,如果样品层太厚,超过消逝波的有效深度,棱镜到金属薄膜的耦合能力降低,灵敏度降低。如果样品层太薄,SPW 激发的光线会耦合进入棱镜,沿棱镜内的全反射光传播,增大了反射光强,影

响对共振的测量。对于可见光,样品层厚度约为 500 nm 最合适。但这种装置制作困难,实际应用较少。其被改进后且广泛应用的是 Kretschmann 结构模型。

2.2.3　Kretschmann 结构模型

如图 2-6(b)所示,Kretschmann 对 Otto 结构模型进行了基本改造,将金属薄膜直接镀在了棱镜表面。待测样品放在金属薄膜下面,当入射光在棱镜与金属薄膜分界面发生全发射时,消逝波在棱镜与金属分界面上产生,并穿透金属薄膜,在金属与样品层分界面上激发 SPR。Kretschmann 结构模型最显著的优点是相较于 Otto 结构模型制作简单、使用方便,使 SPR 生物传感器的实现成为可能。

目前,在实际检测中基于 Kretschmann 结构模型的 SPR 最常用的两种调制方式分别为波长调制型和角度调制型。

1.波长调制型 SPR 生物传感器

在波长调制中,固定入射光的入射角(以特定的角度入射),改变入射光的波长,当波长达到特定值时,入射光的波矢与 SPW 波矢匹配,从而激发 SPR。此时的入射波长被称为共振波长,共振波长与将测样品的折射率相关。

波长调制型 SPR 生物传感器对光源要求很高,并且在探测反射光强时需要分光光谱仪将不同波长的光强分开。其测量精度会受到分光光谱仪的限制,数据的计算也十分复杂。

2.角度调制型 SPR 生物传感器

在角度调制中,入射光的波长保持不变,通过改变入射角度使入射光的波矢与 SPW 波矢匹配,激发 SPR。产生共振时的入射角称为 SPR 角,SPR 角待测样品的折射率相关。

角度调制型对波长调制型 SPR 生物传感器分辨率高、结构简单、稳定可靠,应用较多。这也是本书 SPR 生物传感器选用的检测方式。

2.3　SPR 生物传感器的结构和工作过程

完整的 SPR 生物传感器一般包括光路系统、流路系统、电路(信号探测与控制)系统、软件(数据分析)系统和传感芯片等部分。本书研究的便携式 SPR 生物传感器系统的总体结构如图 2-7 所示。

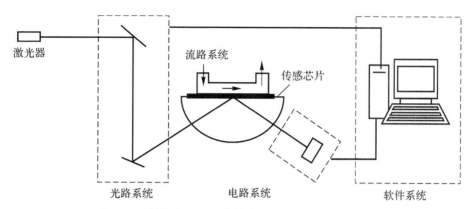

激光器

流路系统

传感芯片

光路系统　　　　　电路系统　　　　　　　软件系统

图 2-7　便携式 SPR 生物传感器系统的总体结构简图

其中,光路系统、流路系统、电路系统及软件系统将在本书的第 3 章中详细分析,这里重点分析传感芯片的结构。以棱镜为光波耦合器件,一般可选的棱镜几何形状主要有两种:一种是半圆形柱面棱镜,另一种是等腰三角形平面棱镜。半圆形柱面棱镜可以保证任何角度的入射光(入射点在半圆的圆心)均与界面垂直,反射光损失小,而且进入棱镜后不会发生折射引起角度改变。

基于 Kretschmann 结构模型,在棱镜底部镀上厚度为几十纳米的金属薄膜(金或者银),或者将金属薄膜先镀在跟棱镜折射率相同的盖玻片上,然后用折射率相近的匹配溶液将其黏结在棱镜底面。后者更方便棱镜清洁、镀有金属薄膜盖玻片的更换,这也是本书研究所采用的结构。

利用 SPR 进行生物(免疫反应)实验时,一般还要在传感芯片表面固定一种反应物,使其形成分子敏感膜;然后含待测物的样品通过流路系统进入传感芯片,传感芯片上分子间相互作用的情况可由 SPR 信号(共振波长或者 SPR 角)的改变反映出来,并用计算机软件将整个反应过程显示和记录下来。

图 2-8 为 Kretschmann 结构模型 SPR 仪器的传感元件的工作示意图和免疫反应实验结果简图。图 2-8(a)中,金属薄膜上用共价交联法固定了配体,当含有匹配的受体的样品流经芯片表面时,亲和反应将分析物(受体)捕获在金属薄膜表面,引起折射率的增加,反射光的共振状态也会相应改变;图 2-8(b)为典型的免疫反应响应曲线,通过注入含有待检测物质和不含有待检测物质的缓冲液,可实时监测被分析物亲和与解离的过程。如图 2-8(b)所示,随着反应时间(横坐标)的改变,待测样品的折射率产生变化,从而引起新的共振波长或者 SPR 角(纵坐标)。因此,可根据表面等离子体共振时入射光波长或者角度与金属薄膜表面液体折射率的关系来探测生物分子间的相互作用。

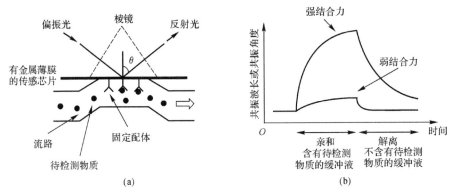

图 2-8 Kretschmann 结构模型 SPR 仪器的应用举例

(a)SPR 生物传感元件工作示意图； (b)免疫反应结果简图

如图 2-9 所示,SPR 生物传感器常采用的检测方式主要有直接检测、信号放大检测、抑制检测和竞争结合检测。

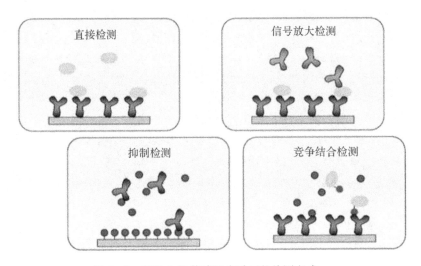

图 2-9 SPR 生物传感器常采用的检测方式

SPR 生物传感器检测和芯片再生的过程曲线如图 2-10 所示,首先在芯片表面通入缓冲液,扫描一段时间后形成稳定的检测基线,然后将含有待分析物的样品注入芯片表面,此时将会引起检测曲线产生一系列相应的变化。分析物在芯片上的吸附达到饱和后,检测曲线稳定下来。若将再生溶液注入芯片,分析物将从芯片表面解离,芯片得到再生,重新回到检测基线,此时可继续对分析物进行检测。

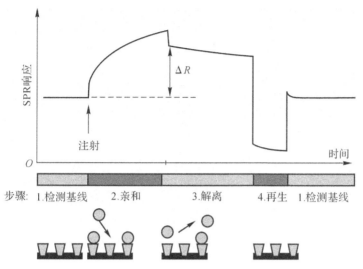

图 2-10　SPR 生物传感器工作过程示意图

本书研究使用的是自制的生物芯片,以玻璃为基底,镀有金膜。用 $HS(CH_2)_{10}COOH$(巯基十一酸)和 $HS(CH_2)_6OH$(巯基己酸)的乙醇溶液修饰金膜,用 EDC/NHS[1-乙基-3-(3-二甲基氨苯丙基)碳二亚胺/N-羟基琥珀酰亚胺]活化,可固定抗体、抗原等蛋白质,再与待测样品反应。

2.4　本章小节

首先,从电磁学理论阐述了 SPR 现象产生的理论基础。从电磁波在金属包层的平板介质波导理论进行分析,SPR 现象产生于具有复介电常数特性的金属表面。在金属包层内,电磁场仅在很薄的一层内以衰逝场的形式存在,因此在光频电场作用下,可在金属层内激起等离子体振荡,在金属和介质的交界处,可以出现等离子体表面波,这是 SPR 现象产生的根源。其次,详细介绍了 SPR 的实现方法。由于必须通过光学的方法去耦合 SPW 才能实现传感功能,所以 SPR 光的波矢必须与 SPW 的波矢相匹配,在可见光范围内满足此条件的金属只有金、银、铜、铝等少数几种,且仅有 P 偏振入射光才会激发 SPR 现象。通过 ATR 棱镜耦合、光纤耦合、光波导或光栅耦合均可实现激励光与表面等离子体波的能量耦合,其中棱镜耦合的 ATR 方法是目前普遍采用的

SPR 激励方式,两种主要的 ATR 结构模型分别是 Otto 结构模型和 Kretschmann 结构模型。Kretschmann 结构模型相较于 Otto 结构模型制作简单、使用方便,使 SPR 生物传感器的实现成为可能,这为本书选用 Kretschmann 结构模型作为 SPR 激励方式打下了基础。最后,结合本书建立的 SPR 生物传感系统,介绍了 SPR 生物传感器的基本结构框架,包括光路系统、流路系统、电路系统及软件系统,其中重点分析了基于 Kretschmann 结构模型制备生物传感芯片的方法,以及 Kretschmann 结构模型 SPR 检测仪器的免疫反应检测过程。

第 3 章 便携式 SPR 生物传感器的 设计与实现

为了确保 SPR 生物传感器小型便携、稳定可靠、成本低、便于维护、易于二次开发,能准确、快速、简单地对生化样品进行检测,本书采用以下方法和技术线路进行开发:

第一,为了保证仪器具有稳定的检测性能,满足商品化仪器的使用要求,采用研究较成熟的棱镜倏逝波耦合共振激励技术,这是整个仪器设计的基础。在这个基础上,采取各种技术使仪器小型化、携带方便、具有较高的检测精度和较大的检测折射率范围。

第二,确定共振光信号的探测方式。为了保证仪器简单,成本低廉,采用共振光信号的探测方式。共振光信号的探测方式有两种不同的形式:一种是Biacore AB 公司采用的点光源聚焦到棱镜和金膜的界面上,用线性阵列光电二极管作为光信号检测器。其优点是明显的,即所有光学元件固定不动;其缺点是角度分辨率受制于阵列光电检测器像元的尺寸,要提高角度分辨率,必须加大检测器与反射点之间的距离,将增大仪器的体积,同时由于入射光束内包含的入射角范围有限,因此可检测的折射率范围也是有限的。为了使仪器紧凑,同时具有大的检测折射率范围,本书采取另一种方式,即固定入射光,通过振镜改变入射光在棱镜传感芯片处的入射角度的角度扫描方式,可以大范围改变入射角。

第三,先确定整个仪器系统框架,再确定关键部件的设计,拟在 2 mm 厚的盖玻片上镀 50 nm 的金膜作为传感芯片用于样品检测。由于金膜无分子选择性,还需在金膜表面固定一层具有分子识别功能的敏感膜,可采用广泛用于化学和生物传感器的表面选择性敏感膜的固定方法。

第四,光信号自动采集、处理、控制、样品分析软件设计和坚固、紧凑的光机电一体化系统设计。采用虚拟仪器(Virtual Instrument,VI)架构与技术来设计和构建信号采集、角度扫描控制及数据分析和处理系统。虚拟仪器具有传统仪器无可比拟的优点:开发周期短、维护费用低、操作简便、技术更新周期短、用户自主定义功能、系统开放、系统灵活。将虚拟仪器运用于 SPR 生物传感,既有利于系统集成及二次开发,还可利用高速发展的计算机技术提高数据处理和分析能力。另外,虚拟仪器技术具有易学、易用的图形化软件开发平台——LabVIEW,使虚拟仪器的开发设计更高效、直观、易懂,系统功能的扩展更简便。

本章将重点阐述自行研制的便携式强度型 SPR 生物传感器的系统,包括硬件设计、软件开发、调试与测试。

3.1　SPR 生物传感器的硬件设计

便携式意味着要经常移动,为了保证研制的 SPR 生物传感器能用于现场检测,坚固、紧凑的系统设计是非常必要的。SPR 生物传感器包括光路系统、流路系统、电路(信号探测与控制)系统、软件(数据分析)系统和传感芯片等部分,系统的硬件主要包括光路系统、电路系统、流路系统和传感芯片四部分。便携式 SPR 生物传感器的总体结构简图如图 3-1 所示。

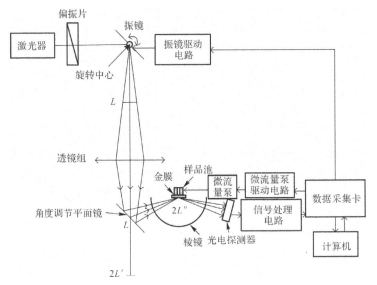

图 3-1　便携式 SPR 生物传感器的总体结构简图

3.1.1　光路系统设计

为了保证仪器简单、紧凑,同时具有大的检测折射率范围,采用共振光信号的探测方式。SPR 光路系统主要由光源、准直透镜、偏振片、光阑、振镜、透镜组、反射镜、柱面棱镜等组成,具体结构如图 3-2 所示。如图 3-1 所示,激光器激发的光束经偏振片后以 P 偏振光入射到振镜,振镜通过旋转来改变反射光线的角度,通过设置透镜组对反射光线进行会聚,根据透镜成像关系,将振镜(旋转中心)置于透镜的物方 $2L$ 处,则其像将在像方 $2L'$ 处会聚。在 L' 处放置反射镜,同时将棱镜中心置于像方 $2L'$ 相对于反射镜的共轭位置 $2L''$ 处,使入射光能通过半球柱棱镜,保证光束通过棱镜中心。只有当棱镜入射角大于临界角时,才可发生全反射。在棱镜中心位置表面镀上金膜,样品池紧压在金膜上,待测样品可通过微量泵添加到样品池。振镜做角度扫描时,若发生 SPR 效应,出射到光电探测器上的光线则会呈现强弱变化,从而得到 SPR 曲线。

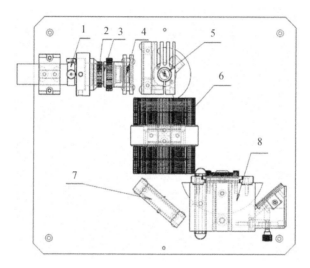

图 3-2　光路结构图

1—光源；　2—准直透镜；　3—偏振片；　4—光阑；　5—振镜；

6—透镜组；　7—反射镜；　8—柱面棱镜

1. 光源

光源选用体积小的半导体激光器,具有设计紧凑、内置螺丝细光束方向调整、光束发散角和光束漂移小、输出功率稳定等特点。

2. 振镜

振镜体积小,转动速度快,能实现高速的转动扫描,因此选用高速光学扫描振镜来改变激光束的入射角度。另外,由于振镜的使用,无须设计烦琐的角度扫描装置,可以简化结构,缩小仪器体积,降低结构及零配件成本。

3. 透镜组

透镜组由 3 个透镜组成,均为定制加工,并双面镀 635 nm 增透膜。

4. 反射镜和柱面棱镜

反射镜处安装调节旋钮,用于微调角度及上下位置,通过上下调节可调整光斑在反应池中的位置。本系统采用基于 Kretschmann 模型的 SPR 传感部件,用光学玻璃(K9 玻璃)作为 SPR 传感部件中柱面棱镜的材料,其折射率为 1.516 3,外形为半球柱,柱面尺寸为 25 mm×25 mm。

3.1.2 流路系统设计

SPR 流路系统的设计思路:洗脱和活化过程使用自动进样,加抗原、封闭、加抗体(或混合抗体的检测物处理液)手动进样,因此采用两路平行的注射阀配上注射器和直线电动机分别进行洗脱和活化进样,采用一个微量泵对废液进行泵空。流路系统示意图如图 3-3 所示。其中,采用直线电动机驱动的微量注射器代替蠕动泵,可避免蠕动泵运作过程中产生的脉冲流,以保证进样的精确性。流路系统结构设计紧凑,便于整个 SPR 系统的集成,如图 3-4 所示。

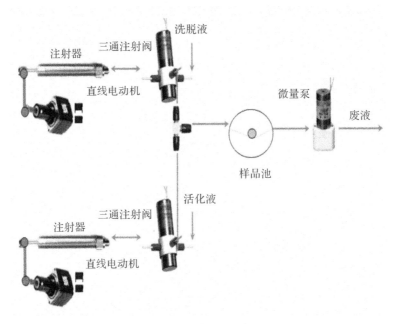

图 3-3　流路系统示意图

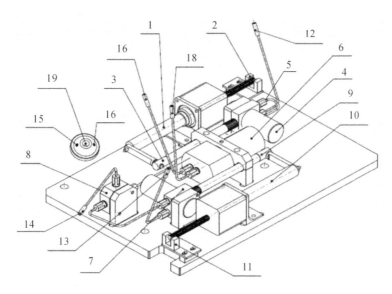

图 3-4 流路系统结构图

1—步进电动机； 2—光电开关； 3—注射器； 4—三通阀； 5—连接管；

6—微量泵； 7—三通阀； 8—三通接头； 9—注射器； 10—步进电动机；

11—光电开关； 12~18— PTFE 管； 19—样品池

3.1.3 电路系统组成

电路系统由光电探测器、光电转换电路、流路系统驱动电路、振镜驱动电路和数据采集卡等部分组成。为了使设备便携，整个光路和电路系统都集成在统一的机械框架(见图 3-5)中,框架尺寸为 550 mm×200 mm×330 mm,远小于 BIAcore 2000(760 mm×350 mm×610 mm)的尺寸。

图 3-5 便携式 SPR 传感系统实物图

1.光电探测器

为了保证仪器结构简单,成本低廉,采用共振光信号的探测方式,光电探测器采用国产 2CR91 型硅光电池,光谱响应范围为 400～1 100 nm,符合本系统所采用的工作波长为 632 nm 的半导体激光器的光电转换要求。

2.光电转换电路

光电探测器采集到光强信号后以短路电流的方式输出,但输出的电流信号强度很小,不利于数据采集卡的采集和测量。因此,在数据采集卡测量电流信号前,由光电转换电路进行电流向电压转换、电压信号放大等一系列调整。本系统采用的光电转换电路如图 3-6 所示。

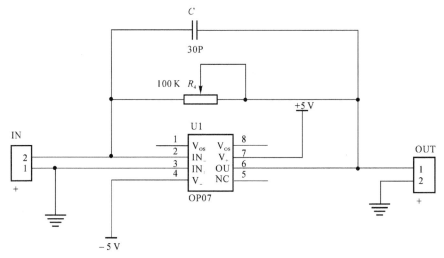

图 3-6 光电转换电路 PCB(印制电路板)设计图

注:1K＝1 000 Ω;1P＝1 pF。

光电转换电路的核心为 OP07 型集成运算放大器,电路的输出电压与短路电流关系如下:

$$U = IR_4 \qquad (3-1)$$

式中:I 为短路电流;R_4 为反馈电阻;U 为输出电压。调节 R_4 的电阻值可调整电路的放大倍数。C 对高频噪声进行 100% 负反馈,降低噪声输出。该电路实现简单、线性好、放大倍数大、信噪比高,在光强测量上的优势十分明显。经过光电转换电路调整后的电压信号,可以输入数据采集卡中进行下一步处理。

3.流路驱动电路

由于 SPR 系统进行生物检测实验的过程有烦琐的进样、清洗等过程,为简化操作,采用三通阀进行管道切换,通过驱动电路控制各个阀门、电动机的动作,可精确控制进样的流速与时间,准确地实现吸样、进样和清洗各种过程。流路系统驱动电路以 sst89E58RD2 型单片机为核心,驱动直线电动机实现对注射器(注射阀)的控制,驱动继电器对微量泵进行控制,实现液体(洗脱液、活化液)泵入与液体(废液)泵出,并预留接口与上位机进行通信,实现上位机软件控制系统的整合。

4.振镜驱动电路

驱动电路采用与振镜匹配的驱动板,并配上散热器,确保在正常工作中温度不超过 45 ℃,振镜位置信号输入比例系数 0.5 V/°。

5.数据采集卡

数据采集卡为电路部分的核心,完成光电池信号的采集、流路的控制及振镜的控制等功能。采用美国 National Instruments 公司的 USB(通用串行总线) 6221 数据采集卡,选用通用 USB 连接方式的采集卡,可以提高系统的组建效率,有利于系统集成化。

如图 3-7 所示:系统采用了一路模拟差分输入采集测量信号;一路模拟输出对振镜驱动电路进行控制、两路数字 I/O(输入/输出)与流路系统双向通信,实现对注射器、微量泵的控制和流路当前状态的采集;两路数字 I/O 与上位机软件系统进行双向数据交互。

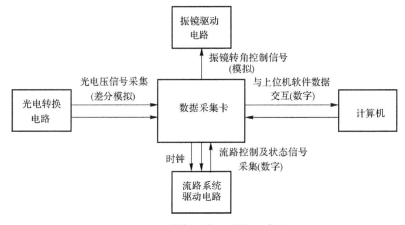

图 3-7　数据采集卡功能示意图

3.1.4 生物传感芯片设计

SPR 生物传感芯片是检测系统的核心器件，传感芯片是以 K9 玻璃材质的柱面棱镜为光波耦合器件，基于 Kretschmann 模型，将厚度为 50 nm 的金膜镀在跟圆柱形棱镜折射率相同的厚度为 1 mm 的盖玻片上，然后用折射率相近的匹配液（香柏油）将其粘在柱面棱镜的底面。利用 SPR 生物传感芯片进行免疫反应实验时，传感芯片经过修饰后固定上生物探针（抗原或抗体），然后含待测物的样品通过流路系统进入芯片，芯片上分子间相互作用的情况可由 SPR 角的改变反映出来，并通过软件系统将整个反应过程显示和记录下来。

3.2 SPR 生物传感器的软件设计

虚拟仪器是通过应用程序将通用计算机与功能化硬件结合起来，用户可通过友好的图形界面来操作计算机，就如同在操作自己定义、自己设计的仪器一样，从而完成对被测量的采集、分析、判断、显示，以及数据存储等。该方式不但享用到普通个人计算机不断发展的性能，还可体会到完全自定义的测量和自动化系统功能的灵活性，最终构建起满足特定需求的系统。基于虚拟仪器架构，SPR 系统的软件部分采用 National Instruments 公司开发的集成化图形编程环境——LabVIEW 进行设计。

SPR 系统软件开发架构如图 3-8 所示。软件系统主要包括进样控制、定量检测、定量数据分析、动力学检测和动力学参数分析等 5 个功能模块。

3.2.1 进样控制模块

该功能模块主要实现对流路系统（下位机）的控制。通过 LabVIEW 软件 DAQmx 控件对 National Instruments 数据采集卡（USB 6221）的读写操作，根据自定义的通信协议，向下位机（流路驱动板）发送控制指令和读取状态，实现上位机对下位机的监控。

流路驱动板与采集卡的接口定义如下。

1. 硬件接口

数据采集卡与流路系统驱动电路板的硬件接口如图 3-9 所示。

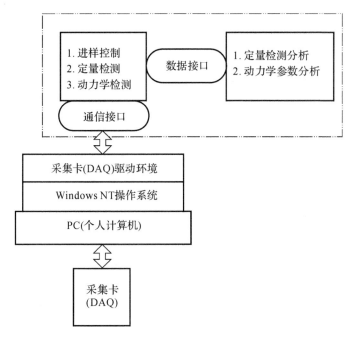

图 3-8　基于虚拟仪器的 SPR 系统软件架构

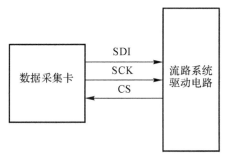

图 3-9　流路系统与数据采集卡接口示意图

图 3-9 中：

SDI：数据采集卡数据输出，即流路系统驱动电路的数据输入。

SCK：数据采集卡脉冲输出，即流路系统驱动电路的脉冲输入（高电平宽度 10 ms，低电平宽度 10 ms）。

CS：流路系统驱动电路的脉冲状态输出（高电平表示空闲，低电平表示繁忙）。

2.字节传输

自行制定的双向通信协议如下：

帧结构(见图3-10)：命令代码(4 bit)＋数据($8n$ bit)；数据传输时先传高4位(MSB)，再传低4位(LSB)。

采集卡在SCK上升沿时发送数据，流路系统驱动电路在SCK上升沿时同步读取数据。

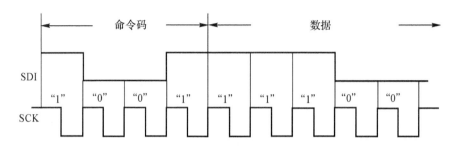

图3-10　流路系统通信用帧结构示意图

具体指令如表3-1所示。

表3-1　数据采集卡与流路驱动电路通信指令表

序号	指令	命令代码	数据
1	设定流速(10 μL/min)	0001b	n(0～255)
2	设定活化时间(s)	0010b	n(0～255)
3	启动、停止活化	0011b	1:启动　0:停止
4	设定洗脱时间(s)	0100b	n(0～255)
5	启动,停止洗脱	0100b	1:启动　0:停止
6	排空活化注射器	0110b	0
7	排空洗脱注射器	0111b	0
8	阀门开、关	1000b	0:开 1:关（活化液阀） 0x80:开 0x81:关（洗脱液阀）
9	泵次数	1001b	n

3. 程序开发

首先设计时钟子程序产生频率为 100 kHz 的时钟信号,以该时钟信号的上升沿为触发,发送控制信号给驱动电路。以发送"设定流速(10 μL/min)"指令为例进行说明,该指令命令代码为 0001b,数据为 n(0～255)。通过 EVEVT 事件框启动程序,此时时钟信号开始发生,以时钟上升沿为触发,串行发送 12 位指令代码(4 bit 命令＋8 bit 数据)。同时,通过持续采集流路驱动电路的状态信号(忙或者闲)判断流路状态,以避免误操作。该指令发送程序的框图如图 3－11 所示。

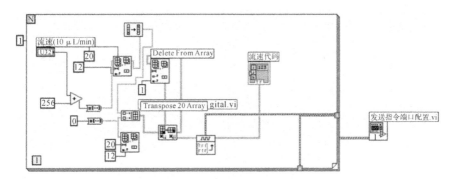

图 3－11　"设定流速"指令程序框图

进样控制功能模块的控制面板如图 3－12 所示。

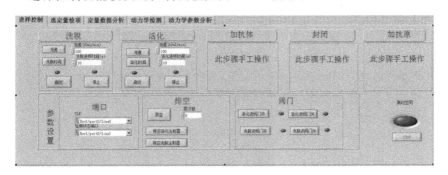

图 3－12　进样控制功能模块的控制面板

3.2.2　定量检测模块

该功能模块主要实现对待测样品 SPR 角的检测。SPR 系统的探测方式为 SPR 角探测,可通过"反射光强-入射角度"的曲线测量实现对待测样品 SPR 角的测量。为了实现准确测量,采用的扫描方式为:首先设置角度扫描 范围、扫描步长、起点等参数;然后在扫描范围内,振镜每旋转一个角度(扫描 步长),对柱面棱镜反射光强度进行采集和测量,直到完成扫描。若样品上发 生 SPR 效应,则反射光强呈现强弱变化,从而得到 SPR 曲线,如图 3-13 所 示。图中,光强最低点所对应的角度值即为该样品的 SPR 角。

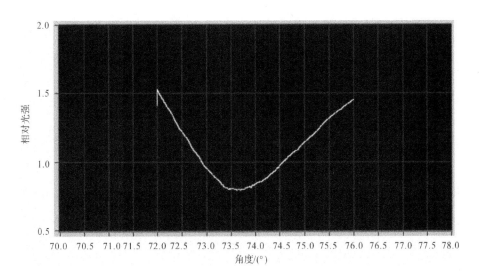

图 3-13   SPR 曲线示意图

通过对数据采集卡中模拟 I/O 的操作,可实现对振镜的角度旋转控制。 根据振镜位置信号的输入比例系数(0.5 V/°),需要旋转 θ 角时,通过采集卡 向驱动电路输出 $\theta/2$ 的模拟电压即可。因此,通过对输出模拟电压的控制即 可实现角度的扫描功能。

角度扫描采样的流程图如图 3-14 所示。由于采集卡具有高达 250 k Sample/s 的采样率,可对每个采样点多次采样然后取平均值以降低光 强测量时噪声的干扰。另外,可通过设定振镜扫描步长来控制扫描测量的精 度,这也直接决定了样品 SPR 角的测量精度。

定量检测功能模块的控制面板如图 3-15 所示。在采集光强和角度数据 的过程中,将数据存入数组中,扫描结束后对数组进行操作,寻找光强的最小 值,光强最小值对应的角度即为被测样品的 SPR 角。

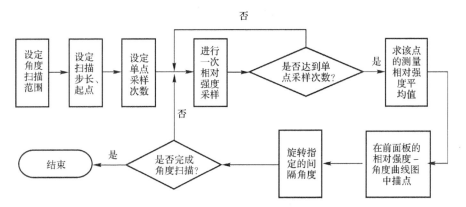

图3-14　角度扫描采样流程图

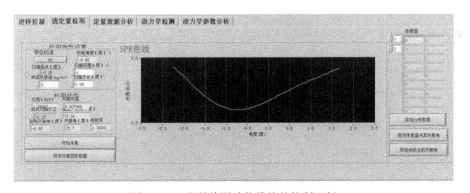

图3-15　定量检测功能模块的控制面板

3.2.3　定量数据分析模块

该功能模块主要实现对待测样品浓度的定量分析,即通过测量已知浓度的同类样品的SPR角,绘制"浓度-SPR角"的标准曲线,然后测量未知浓度的样品SPR角,通过标准曲线计算出该样品的浓度。图3-16为定量检测的流程图。

该功能模块的控制面板如图3-17所示。

3.2.4　动力学检测模块

该功能模块主要用于对生物分子免疫反应的动力学过程测量,即实时测量抗原与抗体反应过程对SPR角的影响,绘制"SPR角-时间"的动力学曲线。

动力学测量的本质是测量 SPR 角的相对变化量,为了简化计算,本功能模块中 SPR 角(响应值)直接用振镜所在角度表示。

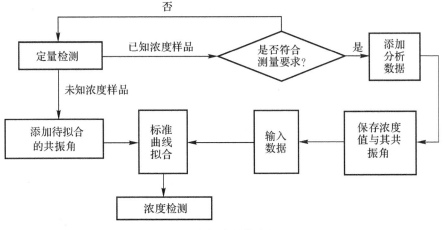

图 3-16　定量检测模块流程图

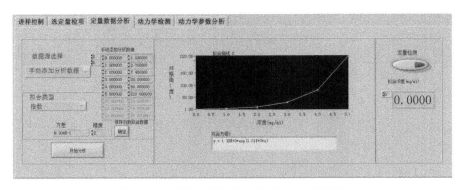

图 3-17　定量数据分析功能模块的控制面板

　　测量动力学曲线的流程如图 3-18 所示。将"采集次数"设置为"1",程序将按照设置的"扫描起点""扫描范围""扫描步长"等参数进行预扫描,从而确定扫描所需要的时间。当"采集次数"设置为 $N(N \geqslant 1)$ 时,程序将进行 N 次循环扫描,完成每次扫描得到的 SPR 角为 Y;设置的"延时时间"与预扫描计算得到的时间之和为 X,实时绘制 X 与 Y 曲线(动力学曲线)。扫描过程中可根据预扫描的共振峰位置调整扫描起点和扫描范围等参数,以提高系统的灵活性。改变扫描参数后,程序会根据新的参数重新计算单次扫描时间,不会影响动力学曲线的时间轴。该功能模块的控制面板如图 3-19 所示。

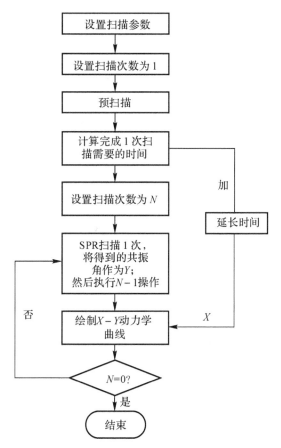

图 3-18 动力学测量的流程图

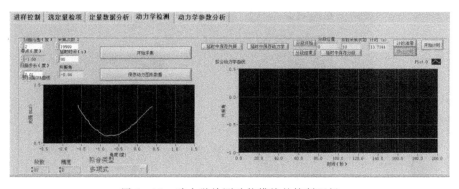

图 3-19 动力学检测功能模块的控制面板

3.2.5 动力学参数分析模块

该功能模块主要用于对动力学参数(结合速率常数 k_a 和解离速率常数 k_d)的分析和计算。根据 Langumair 模型,在传感芯片上发生的 1∶1 类型的反应可以用下式表示:

$$dR/dt = -k_d R \tag{3-2}$$

$$dR/dt = k_a C_A (R_{max} - R) - k_d R = k_a C_A R_{max} - k_a C_A R - k_d R =$$
$$k_a C_A R_{max} - (k_a C_A + k_d)R \tag{3-3}$$

式中:C_A 为分析物的浓度;R_{max} 为传感芯片上形成最多复合物时所得的响应信号;R 为在时间 t 时所得的响应信号,本书建立的 SPR 测试系统中响应信号为样品 SPR 角;k_a 为结合速率常数;k_d 为解离速率常数。根据式(3-2)和式(3-3),k_a 和 k_d 的数学求解过程如下:

(1)首先将响应信号 $R(SPR$ 角)对时间求导,然后以 dR/dt-R 作图可得一条直线,其斜率为 $-(k_a C_A + k_d)$[设 $k_s = -(k_a C_A + k_d)$]。

(2)以 k_s-C_A 作图同样可以得到一条直线,其斜率即为 k_a,截距即为 k_d。

根据数学模型,程序中首先找出动力学曲线斜率变化最大的部分对应的响应值 R,利用微分函数求出 dR/dt。然后用 dR/dt 对 R 作线性拟合绘图,求出斜率。再用该斜率与对应的抗体(抗原)的浓度作线性拟合绘图,求出斜率和截距即为 k_a 和 k_d。

该功能模块的控制面板如图 3-20 所示。

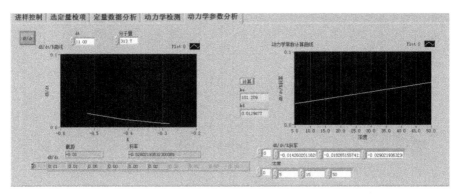

图 3-20 动力学参数分析功能模块的控制面板

3.3　SPR 生物传感器的调试与测试

笔者自行研制的便携式 SPR 生物传感器,包括坚固、紧凑的光机电一体化系统和光信号自动采集、处理、控制、样品分析软件。硬件设计中,光路、电路、流路模块化设计,系统易拆装、易联用;外置开放式光路设计巧妙,由于系统采用高精度振镜,无须设计烦琐的角度扫描装置,可简化结构,缩小仪器体积,降低结构与零配件成本,以及提高测量分辨率;流路系统高集成化、体积小、成本低,便于 SPR 系统整合;光电检测系统简单、高效。软件设计中,使用 LabVIEW 开发,人机界面友好,易于操作,便于用户二次开发,软件系统集成了流路控制、信号采集、角度扫描控制、数据处理、免疫反应动力学分析等功能。整套 SPR 系统成本不超过 3 万元(远低于商用 SPR 仪器的售价),通过自组装单层分子膜(Self-Assembled Monolayer,SAM)技术对金膜进行修饰自行制备生物芯片,每块芯片成本低于 200 元;装置稳固、便携,大小和质量与个人计算机的主机相当,生物芯片拆卸方便,十分有利于现场快速检测。为了将便携式 SPR 生物传感器应用于实际的免疫反应检测,需对系统进行详尽的调试与测试。

3.3.1　光路调试

1. 光束与基准平面的平行调节

在结构设计时,确定激光器光束相对于基准平面的高度,保证光路的零件中心在此高度。在调试时,使光束经过位于后方同一轴上的两个校准孔(见图 3-21),以保证光束方向与基准平面平行。若光束有俯仰,则可用薄铜片垫调整光束,调至光束平行于基准平面。具体调整过程为:半导体激光器的出射光为椭圆光斑,而校准孔为正圆形状。为保证准确取得椭圆光斑的中心,剪切直径 20 mm 的圆形纸片(纸片中心为直径 0.5 mm 的同心圆),将纸片贴至激光器出射光所在的端面,使激光从中心小孔通过。首先初调,调至光斑可以同时通过两个校准孔,并保证激光器光束角度调节旋钮有调整空间;初调结束后锁紧激光套管的螺丝,以保证激光器整体固定,然后拧紧两个俯仰顶柱;观察光斑位置,再微调激光光束角度调节旋钮保证出射光通过两个校准孔;调整完毕后锁紧各个调节旋钮。锁紧过程中要注意光斑是否移动。

图 3-21　光束与基准平面平行调整示意图

2. 偏振片的安装与调节

将偏振片装入固定机械座,其机械座与激光器座相连。锁紧机械座固定螺丝,调整偏振片输出 P 偏振光,固定偏振位置。

3. 准直透镜(平凸透镜)的安装与调节

用定位螺钉在转盘上初始定位,将转盘安装到安装板,将透镜座装到安装板,观察光斑是否变化。若有移动,则通过两个顶柱调俯仰,旋转转盘调左右。调整完毕后锁紧各个调节旋钮。

4. 光阑的安装与调节

将光阑座放进安装板,稍微拧紧固定螺丝,通过旋转另一个横向螺丝来移动光阑上下位置,使孔径中心位于光轴,保证通过光阑的光束通过两个校准孔。调整完毕后锁紧固定螺丝和横向移动螺丝。

5. 振镜的安装与调节

机械结构上要求激光器安装于一块安装板上,激光器安装板再固定于平台上,安装板距离前端约 1/3 处的光轴位置有一定位销钉(平台上销钉孔位与振镜镜面中心位置连成一线,确定光轴方向)。

将振镜装入机械座,上电(复位),调整振镜角度,使光束经过振镜反射后进入下方的两个校准孔(见图 3-22)。调整完毕后锁紧固定螺丝。

6. 透镜组的安装与调节

将 3 块透镜按照顺序放入机械座中成透镜组。将透镜组机械座用转盘安装到安装板,从背部将两个顶柱拧紧去,同时垫上弹簧;用定位螺钉初始定位,在转盘上放置锁紧螺钉,稍微拧紧。通过旋转转盘及两个顶柱调整俯仰,观察穿过透镜组之后的光束方向,保证光束由透镜组中心穿过两个校准孔。调整完毕后锁紧转盘固定螺丝,并顶紧两个顶柱。

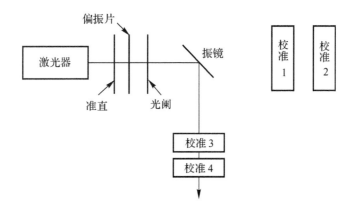

图 3 - 22　振镜调节示意图

7. 反射镜的安装与调节

安装固定尺寸的两个校准板(见图 3 - 23),通过反射镜的左右及高低调节旋钮,使光束通过反射镜反射后由两校准板的边缘刻线处通过。调整完毕后锁紧反射镜机械座固定螺丝及调节旋钮固定螺丝。

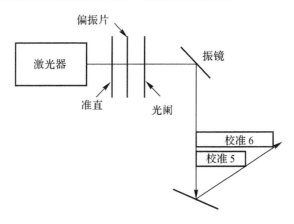

图 3 - 23　反光镜调整示意图

8. 柱面棱镜的安装与调节

柱面镜架固定在二维平移台上,可水平和竖直方向微调。通过微调,使光束光斑位于柱面棱镜加透明胶片中心。调整完毕后锁紧平移台的调节旋钮。

9. 光路基准

如图 3－24 所示，通过上述光路调试，保证入射光水平，振镜零位与水平方向成 45°（见图中振镜位置点划线标注），反射镜初始位置与水平方向成 37°，保证柱面镜初始入射角为 74°（常温下，蒸馏水 SPR 角约为 74°，大多待测样品的 SPR 角与蒸馏水接近）。

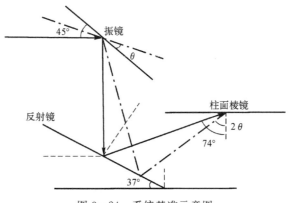

图 3－24　系统基准示意图

振镜向上（逆时针）偏转 θ 角，柱面镜入射角偏转 2θ 角，即柱面棱镜入射角为 74°－2θ；反之，振镜向下（顺时针）偏转 θ 角，柱面棱镜的入射角为 74°＋2θ。通过查找样品 SPR 曲线共振峰出现时对应的振镜角度，即可算出样品的 SPR 角。

3.3.2　系统性能分析与测试

1. 系统的测量范围分析

根据光路设计及 SPR 物理机理，系统的测量范围主要由振镜的角度扫描范围和柱面棱镜参数决定。根据柱面棱镜与样品折射率关系：

$$n_2^2 = \varepsilon n_p^2 \sin^2 \theta / [\varepsilon - n_p^2 \sin^2 \theta] \qquad (3-4)$$

式中：n_2 为样品折射率；ε 为金属介电常数；n_p 为柱面棱镜折射率；θ 为柱面棱镜入射角。系统中柱面棱镜为 K9 玻璃，即 $\varepsilon = -11$，$n_p = 1.516\,3$；为保证光点在柱面棱镜居中位置，振镜扫描角度范围实测可达到 ±5°，此时金膜入射角度 θ 为 64°～84°。对应折射率范围为 1.241\,5～1.376\,2，如图 3－25 所示，该范围足以对大部分生化溶液样品进行测量。如果需要进一步提高折射率测量范围,可选用折射率较大的柱面棱镜。

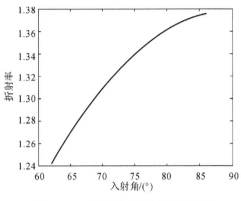

图 3-25　入射角与折射率关系曲线

2.系统的分辨率测试

本系统的测量精度主要取决于角度扫描系统和光电检测器件的测量精度。角度扫描系统为电压控制型振镜,振镜角度分辨率可达 0.001°,对应柱面棱镜入射角度分辨率为 0.002°。光电检测器件对光强值的转换精度达到 0.001 V,数据采集卡 16 位 ADC(模/数转换器)的分辨率可达 7.7×10^{-5} V,足以分辨角度 0.002°的光强变化值。

因此,整个系统的精度可以达到 0.002°。根据式(3-4),在 64°≤θ≤84° 扫描范围内,以 dθ=0.002°为间隔,求折射率 n_2 的微分 dn_2,结果如图3-26 所示。

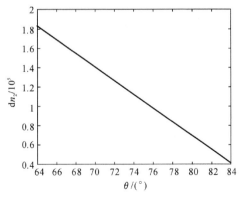

图 3-26　角度分辨率与样品折射率分辨率关系曲线

由图可见,角度分辨精度对应样品的折射率测量分辨率在 $64°\sim84°$ 范围内为 $1.8\times10^{-5}\sim4.2\times10^{-6}$。

选用蒸馏水、0.1 mg/mL 和 0.3 mg/mL 葡萄糖溶液进行分辨率的测试,其中葡萄糖溶液用固态粉末状葡萄糖与蒸馏水进行混合配制。葡萄糖溶液的 SPR 角测量结果如表 3－2 所示。

表 3－2 小浓度葡萄糖溶液 SPR 角测量数据

测量次数	蒸馏水的 SPR 角/(°)	0.1 mg/mL 葡萄糖溶液的 SPR 角/(°)	0.3 mg/mL 葡萄糖溶液的 SPR 角/(°)
1	73.742	73.746	73.754
2	73.740	73.746	73.754
3	73.742	73.746	73.752
平均值	73.741	73.746	73.753

由实验结果可见,蒸馏水和 0.1 mg/mL 的葡萄糖溶液的 SPR 角测量结果有较明显区别,因此对于葡萄糖溶液直接检测,可测到 0.1 mg/mL 甚至更低。

3. 系统的稳定性测试

为了测试系统的稳定性和重现性,对同一种待测物质(蒸馏水)重复多次测量。扫描范围设置为 $2°$,扫描步长为 $0.001°$(对应入射角改变 $0.002°$),共扫描 10 次。其中前 5 次测量的 SPR 曲线如图 3－27 所示。10 次测量的 SPR 角及折射率数据如表 3－3 所示。

表 3－3 重复 10 次测量样品的 SPR 角实验数据

标号	SPR 角/(°)	折射率
1	73.742	1.332 931
2	73.740	1.332 920
3	73.742	1.332 931
4	73.740	1.332 920
5	73.742	1.332 931
6	73.742	1.332 931

续 表

标号	SPR 角/(°)	折射率
7	73.742	1.332 931
8	73.740	1.332 920
9	73.742	1.332 931
10	73.742	1.332 931

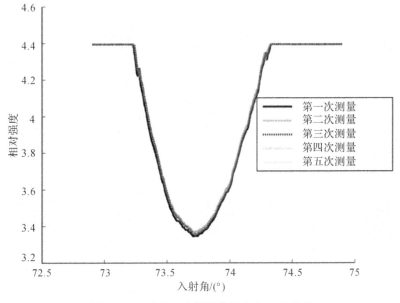

图 3 - 27　重复 5 次测量蒸馏水的 SPR 曲线

相对标准差的计算公式为

$$\sigma = \sqrt{\frac{\sum (c_i - \bar{c})^2}{n-1}} \tag{3-5}$$

将表3-3中的数据代入式(3-5),算得其标准偏差 $\sigma \approx 0.001°$。其相对标准差为

$$\text{RSD} = \frac{\sigma}{c} \tag{3-6}$$

计算可得 RSD $\approx 0.001\ 4\%$,可见系统的稳定性和复现性较好。

4. 定量分析测试

用固态粉末状葡萄糖与蒸馏水进行混合配制系列浓度的葡萄糖溶液作为待测样品。首先配制 10 mg/mL 的母液,然后用蒸馏水稀释,浓度依次为 0 mg/mL、1.5 mg/mL、3 mg/mL、4.5 mg/mL、6 mg/mL 和 7.5 mg/mL。扫描范围设置为 4°,扫描步长为 0.001°(对应入射角改变 0.002°)。待测溶液按照浓度由小到大的顺序依次加入样品池进行 SPR 扫描,在一种样品测试结束后,通过流路系统用大量蒸馏水冲洗样品池,然后加入新的待测样品。葡萄糖溶液浓度越大,折射率越高,反映在 SPR 曲线上即为相对强度吸收峰向右位移,如图 3-28 所示。实验所得的 SPR 角数据记录如表 3-4 所示。

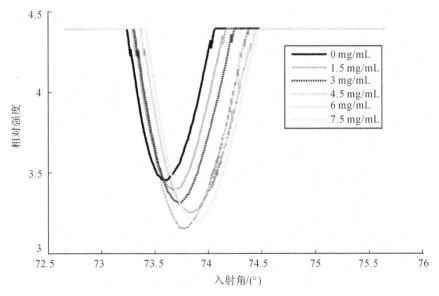

图 3-28 不同浓度葡萄糖溶液的 SPR 曲线

表 3-4 葡萄糖溶液的 SPR 角实验数据

标号	浓度/(mg·mL⁻¹)	SPR 角/(°)	SPR 仪测量折射率	阿贝折光仪测量折射率
1	0	73.742	1.332 931	1.332 8
2	1.5	73.782	1.333 158	1.333 0
3	3	73.838	1.333 476	1.333 3
4	4.5	73.870	1.333 657	1.333 4

续表

标号	浓度/(mg · mL⁻¹)	SPR 角/(°)	SPR 仪测量折射率	阿贝折光仪测量折射率
5	6	73.920	1.333 939	1.333 6
6	7.5	73.972	1.334 230	1.334 0

　　根据测量数据绘制葡萄糖溶液的浓度与 SPR 角的标准曲线,由于葡萄糖溶液浓度较低时,其浓度与折射率近似呈线性关系,而样品 SPR 角与折射率也为近似线性关系,因此选用"线性拟合"绘制,结果如图 3-29 所示。

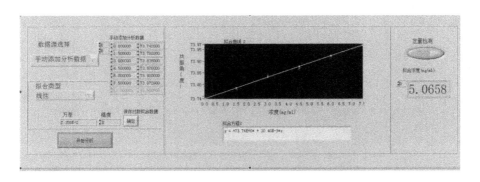

图 3-29　葡萄糖溶液标准曲线

　　由图 3-29 可见,标准曲线线性关系良好。新配浓度为 5 mg/mL 的葡萄糖溶液,测得 SPR 角为 73.894°,代入标准曲线计算出浓度为 5.065 8 mg/mL,误差约为 0.065 8 mg/mL(约 1.3%),准确度较高。

　　为了进一步验证系统,配制浓度梯度为 2 mg/mL、4 mg/mL、6 mg/mL、8 mg/mL 和 10 mg/mL 的甘氨酸溶液依次进行测量。扫描范围设置为 4°,扫描步长为 0.005°(对应入射角改变 0.01°)。为了保证测量的准确性,每种样品重复测量 5～6 次,每次测量后金膜表面用乙醇溶液进行擦洗,再放入蒸馏水扫描至基线,然后加入新的样品,测量结果如图 3-30 所示。测得其 SPR 角的平均值分别约为 73.92°、73.98°、74.04°、74.13° 和 74.20°。其中,2 mg/mL 和 8 mg/mL 的甘氨酸溶液 SPR 曲线如图 3-31 所示。

　　根据测量数据绘制标准甘氨酸溶液的浓度与 SPR 角的标准曲线,结果如图 3-32 所示,可见浓度较低时甘氨酸溶液的标准曲线线性关系良好。

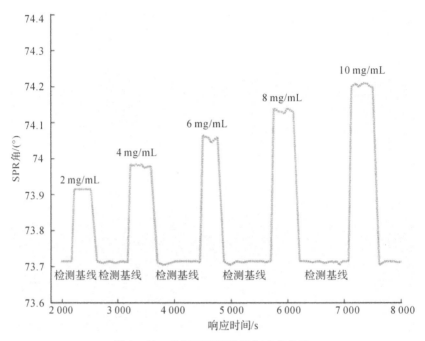

图 3 - 30　甘氨酸溶液浓度与响应曲线

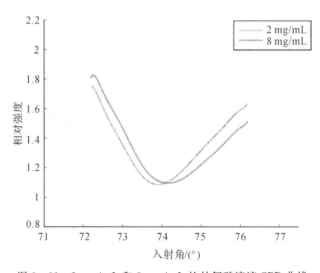

图 3 - 31　2 mg/mL 和 8 mg/mL 的甘氨酸溶液 SPR 曲线

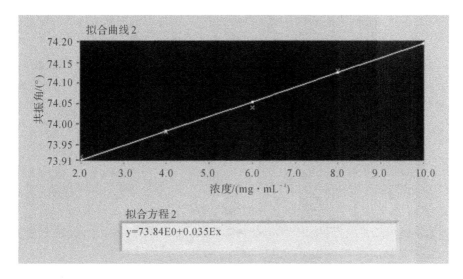

图 3 - 32　甘氨酸溶液标准曲线

5. 动力学测试

基于老鼠免疫反应是一种较常使用的试剂,为检验仪器的可用性,首先用老鼠抗原抗体进行动力学检测。检测的基础是抗原抗体反应,金膜上修饰有可以结合小鼠 IgG 的活化羧基。加入小鼠 IgG 后,会与活化羧基连接,从而将 IgG 固定上金膜。经过孵育及封板洗脱步骤后,加入小鼠 anti - IgG(lg G 抗体)标准品,没有连接的 anti - IgG 在洗涤步骤中被除去。随着加入的anti - IgG 浓度的增大,抗原抗体间的结合引起金片表面质量的增加,导致折射指数按同样的比例增强,最终体现在 SPR 角的增加,即 SPR 角与样品中anti - IgG 的浓度成正比。

动力学检测步骤如下:

(1)自组装:加入 100 μL 10 mmoL/L $HS(CH_2)_{10}COOH$:$HS(CH_2)_6OH$ 乙醇溶液,自组装 2 h。

(2)清洗:依次用乙醇、PBS(Phosphate Buffer Saline,磷酸丙盐缓冲液)自组装膜(先用 1 mL 乙醇冲洗,浸泡 1 min,再用 1 mL 乙醇冲洗;然后用1 mL PBS 冲洗,浸泡 2 min,重复一次,再用 2 mL PBS 冲洗)。

(3)装金膜:在干净的柱面棱镜台外侧边缘涂一滴香柏油,用镊子使金膜稍微上翘,放到柱面棱镜台上缓慢压平后再向里推,注意检查柱面棱镜与金膜的界面是否有气泡。

(4)泵入 PBS,开始 SPR 扫描(扫描起点为−2°,扫描范围为4°,扫描步长为 0.015°),记录 PBS 的 SPR 响应值,并以此为基线。

(5)活化(Activation):停止 SPR 响应值的记录,泵空样品池里的溶液,手工进样(100 μL 预先混合好的 EDC/NHS),开始记录 SPR 响应值,约15 min 后停止 SPR 响应值记录,泵空样品,用 PBS 缓冲溶液冲洗金膜,记录 SPR 响应值。

注意:EDC/NHS 易变质,必须现配现用。称量前要关灯,准备好 PBS,迅速称完后加 PBS 摇匀。

(6)固定(Coupling):停止 SPR 响应值记录,泵空 PBS 缓冲溶液,加入 100 μL 84 mg/L 抗原,开始记录 SPR 响应值,约 30 min(每隔 5 min 抽打一次,加快抗原的扩散)后停止 SPR 响应值记录,泵空样品,用 PBS 缓冲溶液冲洗金膜,记录 SPR 响应值。

(7)灭活(Deactivation):停止 SPR 响应值的记录,泵空 PBS 缓冲溶液,然后加入 100 μL 1 mol/L 乙醇胺(pH=8.5),记录 SPR 响应值,约 7 min 后停止 SPR 响应值的记录,泵空样品,用 PBS 缓冲溶液冲洗金膜,记录 SPR 响应值。

(8)结合(Association):停止 SPR 响应值的记录,泵空 PBS 缓冲溶液,加入 100 μL 10 mg/L anti−IgG,记录 SPR 响应值,约 5 min 后停止 SPR 响应值记录,泵空样品,用 PBS 冲洗金膜。

(9)解离(Dissociation):加入 0.1 mol/L Glycine−HCl(pH=2.2)浸泡 5 min,再用 PBS 冲洗金膜,记录 SPR 响应值。

(10)依照步骤(8)和(9)分别检测 20 mg/L 和 30 mg/L anti−IgG 的标准品,记录 SPR 响应值。

(11)卸载金膜:停止 SPR 响应值的记录,泵空样品池中的溶液,拿下样品池(防止有漏液污染其他区域),将金膜泡入新配的 Piranha 溶液中 30 min,以除去金膜上所有的有机物。

图 3−33 是将 10 mg/L、20 mg/L 和 30 mg/L 的 anti−IgG 和 IgG 反应的检测结果重新绘制的结果。

由图 3−33 可见,小鼠抗原和抗体结合的动力学曲线为近似指数增长,并且抗体浓度越大,与抗原的结合速度越快,结果符合抗原与抗体的动力学规律。

如图 3−34 所示,根据动力学常数计算模型,利用软件计算出结合速率常

数 $k_a \approx 2.05 \times 10^4$ mol·L^{-1}·s^{-1} 和解离速率常数 $k_d \approx 0.005$ s^{-1}。计算所得的动力学常数与文献中利用 BIAcore X Biosensor System 测得兔抗人 IgG 与人 IgG 的 $k_a \approx 9.37 \times 10^4$ mol·L^{-1}·s^{-1}、$k_d \approx 0.003\ 83$ s^{-1} 的数量级范围一致。

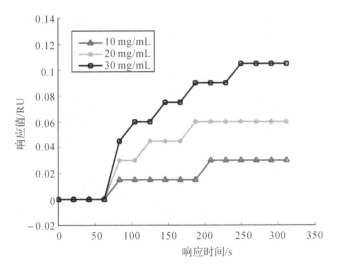

图 3 - 33 鼠抗动力学曲线

注:RU 为共振单位。

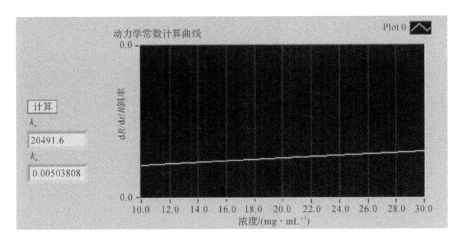

图 3 - 34 k_a 和 k_d 计算结果显示

3.4　本章小节

详细阐述了自行设计的便携式 SPR 生物传感器,包括坚固、紧凑的光机电一体化系统设计和光信号自动采集、处理、控制、样品分析软件设计。硬件设计中,光路、电路、流路模块化设计,系统易拆装、易联用。外置开放式光路设计巧妙,由于系统采用高精度振镜,可提高测量分辨率;无须设计烦琐的角度扫描装置,可以简化结构,缩小仪器体积,降低结构及零配件成本。样品流路系统高集成化、体积小、成本低,便于 SPR 系统整合。光电检测系统简单高效。软件设计中,集成了流路控制、信号采集、角度扫描控制、数据处理、免疫反应动力学分析等功能。使用 LabVIEW 开发,人机界面友好,易于操作,便于用户二次开发。本章还对便携式 SPR 生物传感器进行了详细的参数分析和测试。系统的测量范围为 $1.24 \sim 1.38$,分辨率可达 10^{-5}。通过浓度梯度的葡萄糖溶液和甘氨酸溶液测试实验验证了系统的定量检测功能,利用小鼠免疫实验验证了系统的动力学检测功能。

第4章 便携式 SPR 生物传感器的免疫反应检测方法

便携式 SPR 生物传感器在免疫反应检测应用中:一是需要测量抗原与抗体特异性结合的动力学曲线,并根据测得的动力学曲线计算生物分子相互反应过程中反应动力学常数等参数,数据处理过程较复杂;二是检测精度主要由系统的角度扫描步长决定,减小扫描步长可提高系统分辨率,但在相同的角度扫描范围内完成单次扫描的时间会变长,导致相同反应时间内免疫反应的动力学行为测量数据点减少,这对分析动力学行为十分不利;三是来自光源、光电探测器等的噪声以及环境温度变化、机械振动等,均会使 SPR 信号受到干扰,影响检测的精度和稳定度。因此,本章将详细阐述便携式 SPR 生物传感器在免疫反应检测中的数据处理方法、快速检测方法和降噪方法。

4.1 SPR 生物传感器在免疫反应检测中的数据处理方法

4.1.1 多项式拟合和质心法相结合的数据处理方法

SPR 效应对金膜表面样品的折射率变化十分敏感,导致 SPR 检测易受到噪声的干扰,对于 SPR 角的确定,在精度和稳定度方面都有很高要求。但是,在 SPR 传感检测系统中,噪声和信号抖动等都会使原有的理想信号受到干扰。图 4-1 为 PBS 的 SPR 扫描曲线。

由图 4-1 中浅色曲线可明显看出,在 SPR 曲线共振峰最低位置附近,由于噪声或者抖动带来信号干扰(跳动),这对准确寻找 SPR 曲线的最低点所对应的角度(SPR 角)造成困难。因此,采用多项式拟合的方法对 SPR 曲线进行数据处理,降低噪声或抖动干扰。基于 LabVIEW 的软件平台中多项式拟合子程序可将输入数据拟合为通用形式的多项式函数:

$$y_i = \sum_{j=0}^{m} a_j \, (x_i)^j \qquad\qquad (4-1)$$

式中：y 为多项式拟合的输出序列；x 是输入序列 X；a 是多项式系数；m 是多项式阶数。SPR 测量的噪声主要为热噪声，呈高斯分布，可使用最小二乘法。此时依据下列等式最小化残差计算多项式函数的多项式系数：

$$\frac{1}{N} \sum_{i=0}^{N-1} w_i \, (y_i - Y_i)^2 \qquad\qquad (4-2)$$

式中：N 是输入序列 Y 的长度；w_i 是权重的第 i 个元素；y_i 是多项式拟合的第 i 个元素；Y_i 是输入序列 Y 的第 i 个元素。采用最小二乘法多项式拟合后的 SPR 曲线如图 4-1 中深色曲线所示，多项式拟合处理使 SPR 曲线平滑很多，SPR 共振峰受局部跳动点的影响明显减弱。

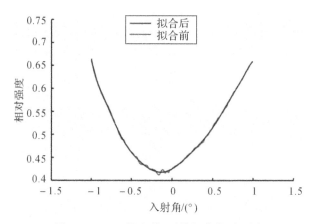

图 4-1　PBS 拟合前、后共振曲线对比图

　　多项式拟合的阶数是影响数据处理效果的最根本因素。如图 4-2 所示：拟合阶数较低时，拟合曲线十分平滑，但共振峰会发生偏移；拟合阶数较高时，拟合曲线越接近原始曲线，共振峰不会明显偏移，但降噪效果不明显。在免疫反应检测实验中，需要检测的是抗原和抗体免疫反应结合引起的折射率变化，而非定量检测。因此，可根据 SPR 曲线的测量点数进行多次实验比对，选取一个合适的多项式拟合阶数，在 SPR 检测过程中保证拟合阶数不变，则可准确测得免疫反应引起的折射率相对变化。

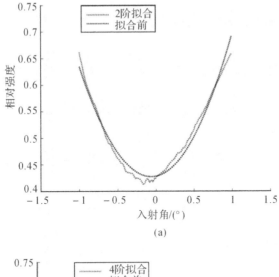

(a)

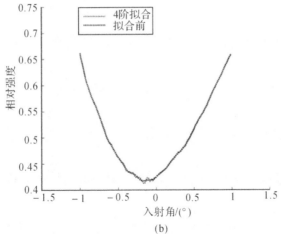

(b)

图 4-2　高阶和低阶拟合曲线对比图

(a)2 阶拟合曲线和原始曲线对比；　(b)4 阶拟合曲线和原始曲线对比

　　分析拟合处理后的数据发现,当测量数据点较多时,SPR 共振峰可能出现最低点非唯一的情况,即最低点位置可能存在多个光强值相同的数据点,如何准确寻找拟合曲线的 SPR 角又是一个问题。因此,根据 SPR 共振峰特定区域内的一系列采样点来计算 SPR 共振峰的质心点位置,利用该质心代替最低点,根据质心位置的变化确定 SPR 曲线的移动量。一般采用设定阈值的方法确定用于计算质心的 SPR 共振峰内的特定区间,即选取 SPR 曲线中响应值低于此阈值的部分进行处理。当 SPR 曲线形状随着实验过程而变化时,质心的相对移动和最低点的相对移动会有微小差别。为了克服 SPR 曲线峰形变化对于固定阈值算法带来的影响,可采取动态阈值质心法、跟踪插值质心法等引入模式识别的动态阈值算法,但这类方法算法复杂。而在免疫反应实验中,样品折射率改变一般不大,可保证 SPR 曲线形状基本不变,因此质心和峰值最低点的不重合对我们所关心的 SPR 角的相对移动没有影响,因此本书选用算法更简单的固定阈值质心法。

利用质心法求解 SPR 曲线的最低点位置,首先确定一条水平基线,用基线和 SPR 曲线两个交点范围内的数据点作为检测点,基线确定的公式为

$$P_b = \frac{P_{\max} + 2P_{\min}}{3} \qquad (4-3)$$

式中:P_b 为基线值;$P_{\max}$ 和 $P_{\min}$ 分别为 SPR 响应值(反射光强度)的最大值和最小值。基线与 SPR 曲线的交点即为需要计算数据点的起点和终点。为了便于计算,本书中 P_b 选用 SPR 曲线共振峰深度的半值(相对强度约为 0.55)。

然后通过计算 SPR 曲线的一阶矩的值以确定水平基线与 SPR 曲线相交图形的质心位置,计算公式为

$$C_i = \frac{\sum_{i=n}^{m} |P_i - P_b| \, i}{\sum_{i=n}^{m} |P_i - P_b|} \qquad (4-4)$$

式中:C_i 为所求质心;m 和 n 分别为基线与 SPR 曲线的两个交点;i 为 SPR 曲线中每个数据点的入射角;P_i 为 SPR 信号响应值(反射光相对强度)。

4.1.2 实验与讨论

为了测试 SPR 系统的稳定性和重现性,对同一种待测物质(蒸馏水)重复多次测量。扫描范围设置为 $2°$,扫描步长为 $0.015°$(对应入射角改变 $0.03°$),多项式拟合阶数为 12,P_b 选取 0.55。扫描 10 次得到的 SPR 角原始数据和处理后数据得到的 SPR 角数据如表 4-1 所示。

表 4-1　重复 10 次测量样品的 SPR 角数据

序号	1	2	3	4	5
原始数据/(°)	73.76	73.76	73.73	73.76	73.79
处理后数据/(°)	73.79	73.79	73.79	73.79	73.79

续表

序号	6	7	8	9	10
原始数据/(°)	73.76	73.73	73.76	73.76	73.76
处理后数据/(°)	73.76	73.79	73.79	73.79	73.79

由表 4-1 可见,由于 SPR 曲线的形状不对称,所以用上述方法对 SPR 曲线数据进行处理后得到的 SPR 角与实际共振位置有一定的偏差(通过修正可进行绝对值的测量),但是测量的稳定性得到了提高,数据处理前的测量相对标准差为 0.023%,数据处理后的测量相对标准差为 0.014 3%。

为了进一步检验 SPR 仪器和上述方法的可行性,用小鼠抗原与抗体进行动力学检测实验。检测的基础是抗原与抗体的免疫反应,金膜上修饰有可以结合小鼠 IgG 的活化羧基。加入小鼠 IgG 后,会与活化羧基连接,从而将小鼠 IgG 固定于金膜上。经过灭活及冲洗后,加入小鼠 anti - IgG 标准品,随着加入的小鼠 anti - IgG 浓度的增大,抗原抗体间的结合引起金膜表面质量的增大,导致折射率增大,最终体现为 SPR 角的增大。

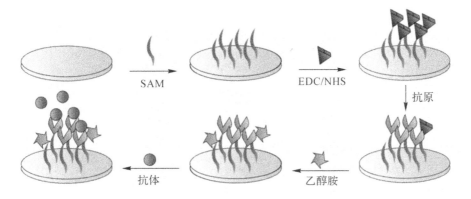

图 4-3　小鼠抗原与抗体免疫反应检测过程示意图

如图 4-3 所示,小鼠抗原抗体免疫反应检测过程为:修饰→活化→探针固定→灭活→抗原与抗体免疫反应。具体操作方法为:将自组装修饰后的传感芯片通过香柏油固定在仪器半球柱面棱镜的底面,安装好流通系统,泵入 PBS,开始 SPR 扫描(扫描起点为 -1°),扫描范围为 2°,扫描步长为 0.015°,多项式拟合阶数为 12);用 100 μL 预先混合好的 EDC/NHS 活化金膜,约

15 min后泵空,PBS 冲洗;加入 100 μL 浓度为 84 mg/L 的抗原,固定约 30 min后泵空,PBS 冲洗;加入 100 μL 浓度为 1 mol/L 的乙醇胺(pH=8.5)灭活,约 7 min 后泵空,PBS 冲洗,以此时 PBS 的 SPR 角作为检测基准。然后,依次加入 100 μL 浓度分别为 10 mg/L、20 mg/L 和 30 mg/L 的抗体标准品,使之与固定在金膜表面的抗原发生免疫反应,每种浓度的样品反应 5 min。一种样品反应完后,将 0.1 mol/L Glycine - HCl(pH=2.2)再生溶液注入芯片,分析物将从芯片表面解离,芯片得到再生,使 SPR 响应值回到基准,此时再继续测下一浓度的样品。

图 4 - 4 是将 10 mg/L、20 mg/L 和 30 mg/L 的 anti - IgG 和 IgG 反应的动力学曲线重新绘制的结果。

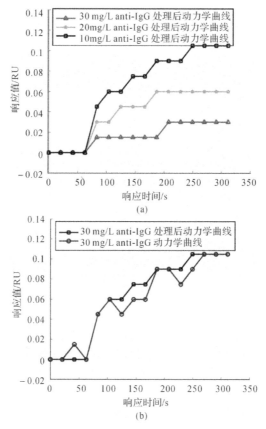

图 4 - 4　小鼠抗体动力学曲线

(a)不同浓度的小鼠抗体和抗原结合的动力学曲线;　(b)原动力学曲线和数据处理后动力学曲线

由图 4-4(a)可见,小鼠抗原和抗体结合的动力学曲线为近似指数增长。另外,抗体浓度越大,与抗原的结合速度越快,所示结果符合抗原与抗体的动力学规律。由图 4-4(b)可见,用多项式拟合和质心法相结合的数据处理方法对 SPR 共振曲线进行处理后,测得的 30 mg/L 抗体与抗原结合的动力学曲线更加平滑,这十分有益于动力学参数的计算,会有效提高计算结果的准确度。该方法可以快速、准确地求解 SPR 角,有效抑制噪声和抖动等干扰信号,因此其在角度扫描型 SPR 生物传感器中具有很好的应用价值,可提高其精度和抗干扰能力,有望实现将 SPR 生物传感器应用于生物免疫反应的现场检测。

4.2　SPR 生物传感器在免疫反应检测中的快速检测方法

4.2.1　快速检测法的原理分析

在免疫反应检测实验中,为了研究分子间的动力学行为,需要测量抗原与抗体特异性结合的动力学曲线,即以抗原与抗体结合的 SPR 响应值(SPR 角)为纵坐标,以反应时间为横坐标绘制的曲线。动力学曲线既体现抗原与抗体结合引起的折射率变化(表现为 SPR 角的改变)的大小,又体现抗原与抗体结合的速度。由 SPR 系统的扫描方式可知,若想提高测量精度,以检测到抗原与抗体结合引起的折射率微小变化,需要尽可能提高系统角度扫描的分辨率,即减小角度和扫描步长。但是,减小扫描步长,在相同的角度扫描范围内会增加单次 SPR 扫描的时间,减少相同反应时间内动力学曲线中的测量点,这又不利于分析抗原与抗体结合的速度。

因此,结合角度型 SPR 生物传感器的扫描特点,设计一种先预扫描粗测,再改变范围和步长细测的 SPR 快速检测方法。在样品折射率未知的情况下,先用大范围大步长进行 SPR 扫描,估测其 SPR 角的大致位置,然后将此 SPR 角大致位置设为扫描中心,再用较小的扫描范围和扫描步长对 SPR 角进行精确测量。图 4-5 是不同扫描参数下检测 PBS 的 SPR 角的扫描曲线,为了便于分析,将 3 条 SPR 曲线的高度进行统一调整。

由图 4-5 可见,减小扫描范围不会引起 SPR 角位置的偏移(但会缩短单次扫描时间),而减小扫描步长,会提高系统的角度分辨率。结合免疫反应原理,设计 SPR 快速检测免疫反应过程的实施方案,具体流程如图 4 - 6 所示。

免疫反应检测过程一般为:修饰→活化→探针固定→灭活→抗原与抗体免疫反应。其中修饰、活化、探针固定和灭活等过程为生物芯片的制备过程,生物芯片的制备质量直接影响免疫反应的效果,因此对生物芯片制备过程的检测十分有必要。其检测流程为:先进行 SPR 曲线预扫描,确定 SPR 角的大致位置,并计算在该参数(扫描步长、扫描范围)下单次扫描时间。然后根据预扫描得到的 SPR 角的大致位置调整扫描起点、扫描范围、扫描步长,记录生物芯片制备过程的 SPR 响应曲线。记录芯片制备过程的 SPR 响应曲线主要用来判断生物芯片制备过程是否成功,此过程对 SPR 单次测量的时间和精度要求不高,原则是在 SPR 角附近大范围较大步长扫描。

生物芯片制备成功后,可用于下一步的免疫反应检测,即抗原与抗体结合的动力学曲线测量。由于抗原与抗体结合引起折射率增加体现为 SPR 角的增大,在检测过程中根据 SPR 角增大的幅度动态调整扫描起点、扫描步长和扫描范围等参数,原则是在 SPR 角附近小范围内用小步长扫描,在较短时间内精确确定 SPR 角的值。

为了实现扫描参数的最优动态调整,建立待测样品免疫反应过程的预测模型。如图 4 - 7(a)所示,不同浓度的抗原与抗体结合的反应速度都是先快后慢,逐渐趋于饱和,结合反应过程呈近似对数关系。另外,在浓度较低时,浓度与结合速度呈近似线性关系,如图 4 - 7(b)所示。

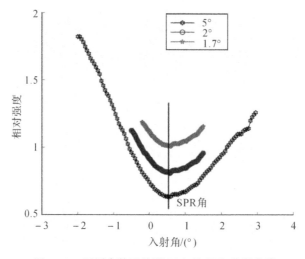

图 4 - 5 不同参数下检测 PBS 的 SPR 共振曲线

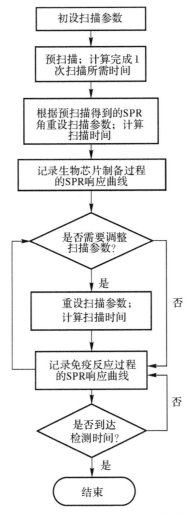

图 4 - 6　免疫反应快速检测方法的操作流程

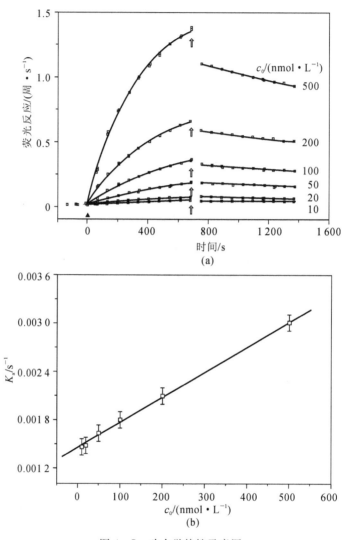

图 4-7　动力学特性示意图

(a)动力学曲线；　(b)浓度与结合速度的标准曲线

基于上述分析,预测模型建立步骤为:

(1)选用任意两种浓度的抗原与抗体结合,粗测其动力学曲线,对浓度与免疫反应饱和时的响应值进行线性拟合,求出线性函数的斜率;

(2)对动力学曲线进行对数拟合,求出对数参数;

(3)根据线性拟合的结果和已知浓度动力学曲线的对数拟合的参数,建立其他浓度动力学曲线的变化趋势预测拟合函数。

根据建立的预测模型,免疫反应检测时动态调整扫描参数(扫描步长、扫描范围、扫描起点)。为了便于数据处理,尽可能保证 SPR 角在 SPR 曲线的中间位置。扫描参数改变后,系统会根据新的扫描参数重新计算单次扫描时间,不会影响动力学曲线的时间轴。

4.2.2 实验与讨论

基于上述方法,使用自行研制的 SPR 生物传感器进行高毒性农药蝇毒磷的检测实验。SPR 生物传感器的扫描系统为角度分辨率 0.001°的振镜,系统测量精度可达 0.002°,角度扫描范围为 64°～84°。预扫描参数设置为:扫描起点 −2°,扫描范围 4°,扫描步长 0.02°。SPR 以该参数单次扫描一次约需 12 s。

记录生物芯片制备过程的 SPR 响应曲线如图 4-8 所示。

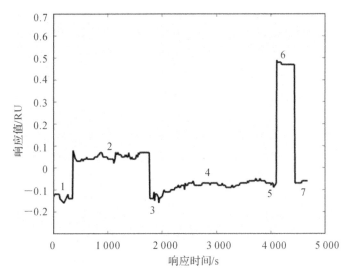

图 4-8　生物芯片制备过程的 SPR 响应曲线

1—PBS;　2—活化;　3—PBS;　4—固定生物探针;　5—PBS;　6—灭活;　7—PBS

在生物芯片表面固定蝇毒磷衍生物（H_{11}-OVA）作为生物探针，SPR响应值明显升高（见图4-8中阶段4），PBS冲洗后，响应值只有小幅下降（比固定前明显升高），这说明探针固定效果很好；封闭灭活，PBS冲洗后，SPR响应值略高于基线（见图4-8中阶段7），生物芯片制备完成。若自组装效果不好，生物探针不能稳定地固定在生物芯片表面，PBS冲洗后极易解离，SPR响应值明显下降，接近固定前的基线，即固定的生物探针数量少，将降低检测灵敏度，甚至无法进行检测。因此，记录生物芯片制备过程的SPR响应曲线可判断芯片是否制备成功。此过程是定性的测量，可设置大扫描范围和大步长进行扫描。

生物芯片成功制备后，用于免疫反应检测，主要研究抗原与抗体的特异性结合过程。图4-9是固定H_{11}-OVA的生物芯片按照不同的扫描参数检测浓度为2 mg/L的蝇毒磷抗体所得的动力学曲线。

图4-9(a)所示动力学曲线中单次SPR扫描时间约6 s，扫描步长0.02°，根据光路设计，SPR系统的分辨率约为0.04°，分辨率较低，抗原与抗体结合引起SPR角的变化低于0.04°时系统检测不到。因此，动力学曲线呈现阶梯状变化。如图4-9(b)所示，扫描起点和范围不变，将扫描步长设置为0.01°，由于步长减小，系统分辨率提高，但单次扫描时间变长（约11.7 s），所得动力学曲线在相同反应时间内获得的数据点减少，不利于动力学行为分析。如图4-9(c)所示，扫描步长0.01°不变，将扫描范围减少至1°，单次扫描时间约5.5 s，在保证分辨率不变的情况下尽量缩短单次扫描时间，可获得尽可能多的数据点，使动力学曲线变得平滑。

实验中，先用大范围、大步长粗测浓度为500 μg/L和2 mg/L的蝇毒磷抗体与抗原反应的动力学曲线，建立预测模型。然后对浓度分别为100 μg/L、500 μg/L、1 mg/L和2 mg/L的蝇毒磷抗体进行精确检测，过程中动态调整扫描起点，使共振峰在SPR曲线的中间位置，以保证SPR曲线的形状尽量不变，便于SPR曲线的数据处理。图4-10是直接检测蝇毒磷抗体的标准曲线，以通入样品免疫反应300 s时的相对响应值为纵坐标，样品中抗体的浓度为横坐标，标准曲线呈近似线性关系。用快速法检测蝇毒磷抗体的检出限可达20 μg/L，比常规测量的检出限25 μg/L有所降低。

可见，针对角度扫描型SPR生物传感器在生物分子免疫反应检测中的应用，提出的免疫反应的SPR快速检测方法，可使获得的免疫反应动力学曲线更加平滑，这有助于动力学行为分析，并可降低系统的检出限。该方法在生物分子免疫反应检测中具有良好的应用价值。

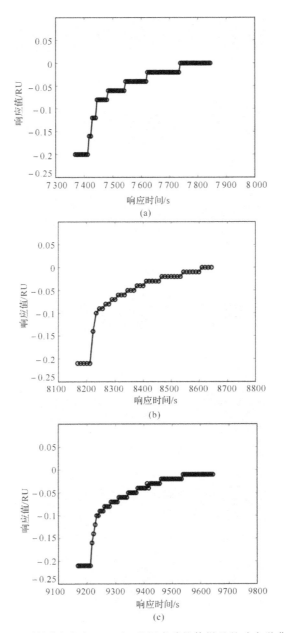

图 4 - 9　检测浓度为 2 mg/L 的蝇毒磷抗体样品的动力学曲线

(a)扫描参数:扫描起点 −1°,扫描范围 2°,扫描步长 0.02°;

(b)扫描参数:扫描起点 −1°,扫描范围 2°,扫描步长 0.01°;

(c)扫描参数:扫描起点 −0.5°,扫描范围 1°,扫描步长 0.01°

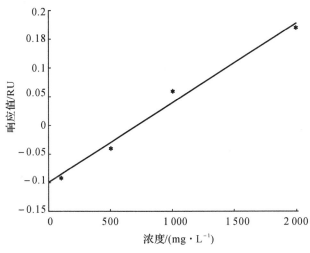

图 4-10　直接检测蝇毒磷抗体的标准曲线

4.3　SPR 生物传感器在免疫反应 检测中的抗噪声干扰方法

4.3.1　噪声对 SPR 生物传感器的影响分析

SPR 生物传感器在用于免疫反应检测时存在噪声干扰的问题,如不采取有效措施对其进行处理,则会影响系统稳定性和检测精度。其噪声来源主要包括环境光噪声、光源噪声、光电检测器噪声、机械振动噪声等,其中环境光噪声尤为明显。因此,在用 SPR 生物传感器进行检测时,通常需要对 SPR 生物传感器进行遮光处理,以避免环境光对其测量带来的影响。这给实验操作带来极大的不便,也对 SPR 生物传感器的应用场合提出了较高要求,使得目前 SPR 生物传感器的使用还主要停留在实验室阶段,难以应用于现场检测。

将本书自行研制的便携式强度型 SPR 生物传感器置于日光灯照的室内环境中,用光电检测器对 SPR 生物传感器的出射光进行连续探测,得到的光强信号如图 4-11(a)所示。关闭日光灯,用遮光布将整个 SPR 传感系统进行遮光处理,用光电检测器对 SPR 生物传感器的出射光进行连续探测,得到的光强信号如图 4-11(b)所示。

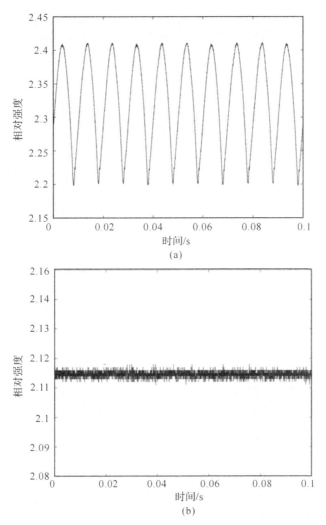

图 4 - 11　遮光和不遮光时测量出射光的相对强度信号
(a)不遮光时；　(b)遮光时

由图 4 - 11(a)可明显看出，出射光周期变化(频率约为 100 Hz)，与日光灯管闪光频率相同，可见环境光对 SPR 检测会造成较大的噪声影响。如图 4 - 11(b)所示，遮光测量时，出射光无明显周期变化，但可见到其他噪声信号存在。从测得的出射光信号中分别取 50 点、100 点、200 点、500 点、1 000 点和 10 000 点，求其期望值分别为 2.114 5、2.114 5、2.114 7、2.114 6、2.114 6 和 2.114 5，基本可判定该噪声信号为高斯白噪声，其主要来源包括激光器噪声、光电检测器噪声等热噪声信号。

在遮光和不遮光两种情况下对生物溶剂 PBS(2 mmol/L NaH$_2$PO$_4$、2 mmol/L Na$_2$HPO$_4$、150 mmol/L NaCl,pH=7.4)进行 SPR 检测,获得的 SPR 曲线如图 4-12 所示,可见环境光对 SPR 检测的影响十分明显。

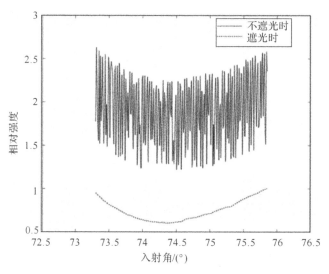

图 4-12 遮光和不遮光时测量 PBS 的 SPR 曲线

4.3.2 环境光下噪声干扰的数据处理方法

确定了噪声的性质后,就可以用不同的方法处理噪声。对高斯白噪声而言,采用统计平均滤波即为一种有效的方法。这是因为服从高斯分布的白噪声统计平均值为零或者常数,而统计平均滤波是对角度扫描中的每个测量点进行多次采样进行算术平均运算。统计平均滤波法的关键是确定采样次数,采样次数越多,处理后的结果越平滑、效果越好。但采样次数越多,处理所需的时间越长,不利于实时检测。首先,在遮光情况下,单点采样次数分别设置为50、100、200、500、1 000 和 10 000,对 PBS 进行 SPR 检测(扫描范围3°,扫描步长 0.01°),其中采样次数为 200、1 000 和 10 000 的 SPR 曲线如图 4-13 所示。

对上述不同采样次数下测得的 SPR 角进行分析发现,采样次数达 200 以上可有效滤除高斯白噪声的影响,设置采样次数为 200、500、1 000 和 10 000,多次测量 PBS 的 SPR 角的偏差基本为零。

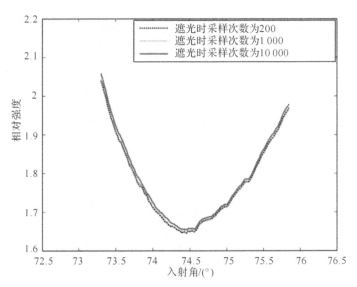

图 4 - 13　遮光时设置不同采样次数测量 PBS 的 SPR 曲线

在不遮光检测的情况下,高斯白噪声和环境光噪声同时存在。首先通过统计平均滤波法对高斯白噪声进行处理,对 PBS 进行 SPR 扫描检测(扫描范围 3°,扫描步长 0.01°),得到的 SPR 曲线如图 4 - 14 所示。对于周期分布的环境光噪声信号,很难保证采样次数是周期性噪声的整数倍,使其刚好被统计平均滤波去除。采样次数越多,噪声误差所占比例越小,即当单点采样次数较多时,统计平均滤波对环境光噪声有一定的抑制效果,但是单点采样次数过多会影响单次扫描时间,降低采集效率,不利于实现快速检测。以扫描范围 3°、扫描步长 0.01°为例进行说明:单点采样次数 200,完成单次扫描约需 15.5 s;单点采样次数 10 000,完成单次扫描约需 43.8 s。

为了实现既准确又快速的 SPR 扫描检测,需要平衡采样次数和单次采样时间之间的关系。因此:首先选用一个适当的采样次数进行统计平均滤波,主要去除高斯白噪声;然后对所得信号进行低通滤波,在频域上滤除环境光噪声。本书自行研制的便携式强度型 SPR 传感系统角度扫描方式为:P 偏振光入射到振镜,通过振镜旋转来改变反射光线的角度,从而实现角度扫描。振镜每旋转 1 个角度,则测量 1 次出射到光电检测器上的光强。整个 SPR 扫描曲线由等间隔的测量点组成,SPR 传感系统中数据采集卡的采样频率为 100 kHz,若每个测量点的单点采样次数小于 1 000(耗时 0.01 s),则每个测量点在多次采样过程中受环境光的调制干扰不足 1 个周期(频率 100 Hz,周期约

0.01 s),导致采集到的环境光干扰频率发生变化,因此,整个扫描测量过程存在多个频率的干扰信号,这些干扰信号可用低通滤波的方法进行处理。

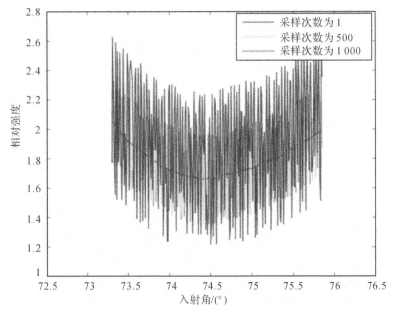

图 4 - 14　不遮光时设置不同采样次数测量 PBS 的 SPR 曲线

　　由于测量过程中还存在计算机处理速度、机械振动等许多不确定因素的影响,很难准确计算环境光的干扰频率,所示采取定标的方法来确定滤波截止频率。SPR 系统不遮光,单点采样次数设置为 200,扫描范围 3°,扫描步长0.01°,对 PBS 进行 SPR 扫描,绘制 SPR 曲线的频谱如图 4 - 15 所示,在零级谱附近定标,通过多次实验比对,选取一个适合的截止频率,对 SPR 信号进行傅里叶变换,实现低通滤波。图 4 - 16 为不遮光单点采样次数 200 再低通滤波后得到的 SPR 曲线和遮光单点采样次数 10 000 时测得的 SPR 曲线(为便于比对,将高度调为一致)。

　　由图 4 - 16 可见,不遮光时采用少量采样统计平均滤波结合低通滤波的方法处理后的 SPR 曲线和遮光时单点大量采样统计平均滤波测得的 SPR 曲线共振峰基本重合,多次测量其 SPR 角的偏差在 0.002° 以内(具体测量数据见表 4 - 2),相对误差约为 0.002 7%。若减小扫描步长,偏差值会继续减小。另外,单点少量采样(200 次)统计平均滤波结合低通滤波的方法,比单点大量采样(10 000 次)统计平均滤波的方法完成单次扫描所用时间缩短了约 28 s。

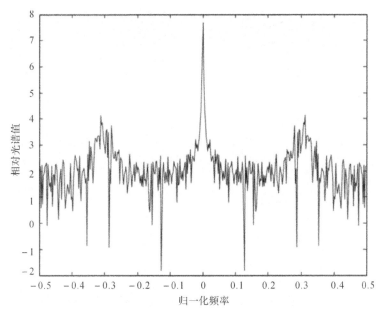

图 4 - 15　SPR 曲线取的频谱图(对数坐标)

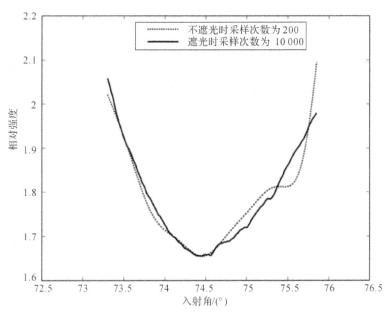

图 4 - 16　遮光和不遮光时数据处理后的 SPR 曲线

表 4 - 2　遮光和不遮光时 PBS SPR 角的测量数据

测量次数	遮光时 SPR 角/(°)	不遮光时 SPR 角/(°)
1	74.51	74.50
2	74.50	74.50
3	74.51	74.51
4	74.51	74.50
5	74.51	74.51
6	74.51	74.51
7	74.50	74.51
8	74.51	74.51
9	74.51	74.50
10	74.51	74.51
平均角/(°)	74.508	74.506

可见,在本书自行研制的 SPR 生物传感器基础上提出的利用统计平均滤波和低通滤波结合的方法,可有效抑制环境光下的噪声干扰。检测 PBS 的实验结果表明,该方法可使 SPR 生物传感器在日光灯照环境下准确检测,与遮光检测的测量偏差在 0.002° 以内,相对误差约为 0.002 7%。该方法在 SPR 生物传感器中具有良好的应用价值,可有效抑制环境光干扰,有望实现将 SPR 生物传感器应用于现场快速检测。

4.4　本章小节

围绕如何将自行研制的便携式 SPR 生物传感器更好地用于免疫反应检测,对测量方法进行了优化设计。首先,详细阐述了多项式拟合与质心法相结合的 SPR 数据处理方法。该方法可以快速、准确地求解 SPR 角,有效抑制噪声和抖动等干扰信号,在采取角度扫描方式的便携式 SPR 生物传感器中具有很好的应用价值,有望实现将 SPR 生物传感器用于生物免疫反应的现场检测。然后,详细阐述了免疫反应的 SPR 快速检测方法。该方法先用大范围、大步长预扫描,粗测抗体与抗原反应的动力学曲线,再根据免疫反应预测模型动态调整扫描参数,使 SPR 扫描适应抗原与抗体结合引起的折射率变化,保证 SPR 生物传感器在相同反应时间内获得尽可能多的测量数据点,使获得的免疫反应动力学曲线更加平滑,这有助于动力学行为分析,可降低系统的检出限,该方法在生物分子免疫反应检测中具有良好的应用价值。最后,详细阐述了采取统计平均滤波和低通滤波结合的数据处理方法来抑制日光灯照环境下的噪声干扰。该方法可使 SPR 生物传感器在日光灯照环境下准确检测,可有效提高角度扫描方式的便携式 SPR 生物传感器的抗环境光干扰能力,具有良好的应用和推广价值。

第5章 便携式 SPR 生物传感器在食品安全检测中的应用

食品安全问题是关系国计民生的重大问题。近年来,因食品中有毒有害化学品(如瘦肉精、农药、兽药、生物毒素等)含量超标引发的食品安全事故屡见不鲜。这些问题已引起国家有关部门的高度重视,加强食品安全的监督管理成为各级政府的重要任务之一。本章将重点阐述便携式 SPR 生物传感器系统在食品安全检测领域的应用探索:一是进一步验证本书自行研制的便携式 SPR 生物传感器的可行性;二是为食品中有毒有害物质的快速筛查提供新的方法和技术。

5.1 SPR 检测克伦特罗的应用研究

盐酸克伦特罗(Clenbuterol Hydrochloride,CLB)是一种 β_2-受体激动剂(β_2-agonists),因与肾上腺素具有相同的药理作用,也被称为 β_2-肾上腺素受体激动剂(β_2-addrenoeeptor agonists),主要在临床上用于治疗支气管哮喘、痉挛、阻塞性肺炎等疾病。20 世纪 80 年代初,美国一家公司开始将 CLB 添加到饲料中,它具有营养再分配的作用,大大提高了动物的瘦肉转化率,从此 β_2-受体激动剂被称为"瘦肉精"。若长期食用含有 CLB 的食品,会有头痛、胸闷、恶心等不良反应。1983 年西班牙首次发生克伦特罗食物中毒事件,1998 年香港出现克伦特罗食物中毒事件。至此,世界上因克伦特罗引起的食物中毒事件已超过 1 000 起。虽然克伦特罗及其盐、酯为禁止使用的兽药,并规定在动物性食品中不得检出,但仍有一些饲养者或者饲料厂非法使用克伦特罗,克伦特罗的药物残留检测已成为研究热点。目前检测 CLB 的主要方法是高效液相色谱(High Performance Liquid Chromatography,HPLC)等色谱分析法、酶联免疫分析法(Enzyme Linked Immunosorbent Assay,ELISA)等免疫学方法以及电化学方法,对 CLB 的检测限通常是 2 μg/L。这些方法设备昂贵,检测周期长,对操作人员要求高,难以满足快速、现场检测的需求。

本章利用 SPR 生物传感技术结合免疫学方法,研究 CLB 抗原与其抗体的免疫反应过程,提出 CLB 生物芯片连续检测法、快速检测法、直接检测法和抑制检测法,研究生物芯片的制备过程,分析免疫反应的动力学特征,建立检测方法的标准曲线。SPR 生物传感技术结合免疫学的生物芯片方法具有高特异性、免标记、灵敏度高(检测限低于 2 μg/L)等诸多特点,适用于食品现场安全检测及质量控制等领域。

5.1.1　自主制备 CLB 检测芯片

如图 5-1 所示,CLB 免疫检测过程为:修饰→活化→抗原固定→灭活→抗原与抗体免疫反应。其中,修饰、活化、抗原固定和灭活等过程为 CLB 生物芯片的制备过程,具体操作方法为:在圆形玻璃片(直径 20 mm、厚度 1 mm)上表面镀约 50 nm 厚度的金膜。将浓度为 1 mol/L 的 HS(CH$_2$)$_{10}$COOH 和 HS(CH$_2$)$_6$OH 的乙醇溶液(质量比为 1:9),置于金膜表面,对其进行修饰约 2 h,然后将修饰后的传感芯片通过香柏油固定在仪器柱面棱镜上,并安装好流通系统。预扫描设置参数为:扫描起点为 -2°,扫描范围为 4°,扫描步长为 0.01°。然后,通入 PBS 清洗,开始记录 SPR 响应值,此时 PBS 的 SPR 曲线如图 5-2 所示,以此时 PBS 的 SPR 角作为基准,如图 5-3 中阶段 1 所示。

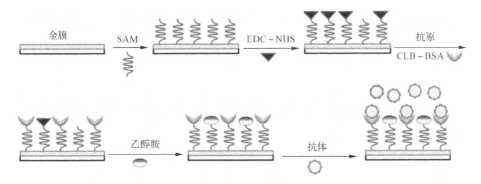

图 5-1　CLB 直接检测原理图

基线稳定后加入 NHS 和 EDC 混合液(浓度均为 0.1 mol/L,其体积比为 1:1),对传感芯片进行活化约 15 min,之后用 PBS 冲洗 2 min,这时的基线比活化前略有升高,如图 5-3 中阶段 2 所示。芯片活化后,将生物探针加至表面固定约 30 min,该过程可见 SPR 响应值(扫描得到的 SPR 角)逐渐升高,固定结束后再通入 PBS 冲洗 2 min,响应值只有小幅下降(比固定前明显升高),表面生物探针较好地固定于生物芯片表面,如图 5-3 中的阶段 4、5 所示。最后,加入 1 mol/L 的乙醇胺(pH=8.5)封闭灭活剩余的酯键,用时 5~7 min,如图 5-3 中阶段 6 所示,PBS 冲洗后,如图 5-3 中阶段 7 所示。至此,CLB 生物芯片的制备过程结束。

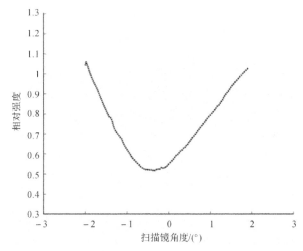

图 5-2　扫描 PBS 得到的 SPR 曲线

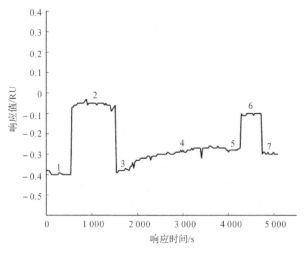

图 5-3　连续检测法生物芯片制备过程响应曲线

1—PBS；　2—活化；　3—PBS；　4—固定生物探针；　5—PBS；　6—灭活；　7—PBS

生物芯片制备的关键是自组装,如果自组装效果不好,生物探针不能稳定地固定在生物芯片表面,PBS 冲洗后极易解离,SPR 响应值明显下降,接近固定前的基线(见图 5-4),即固定的生物探针数量少,将降低检测灵敏度,甚至无法进行检测。

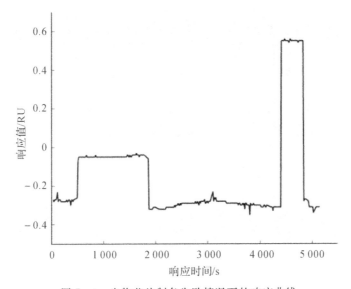

图 5-4　生物芯片制备失败情况下的响应曲线

5.1.2　CLB 连续检测法

如图 5-5 所示,CLB 免疫反应的 SPR 响应曲线呈对数增长状。在免疫反应的起始阶段,SPR 响应值与反应时间的关系近似为线性。随着免疫反应时间的增长,反应速度逐渐放缓,最终趋于饱和。

如果芯片制备时,固定于芯片上的探针数量较多,且待测样品的浓度不高,那么,免疫反应时待测样品只会与探针的少部分结合。将其解离后,并不会对后续加入的新待测样品与探针结合带来过多影响。因此,可在同一芯片上连续多次检测 CLB。

将浓度为 83 mg/L 的 CLB 衍生物(CLB-BSA)作为生物探针,固定于生物芯片表面,再连续加入 2 mg/L、4 mg/L、8 mg/L、16 mg/L 和 32 mg/L 的 CLB 抗体待测样品,获得的 SPR 检测响应曲线如图 5-6 所示。图中曲线阶段 1 为免疫反应前 PBS 的 SPR 响应线,称为基线;曲线阶段 2~6 分别为上述 5 个不同浓度待测样品与探针的免疫反应过程,可见均呈上升状曲线。每个上升阶段后呈略有下降状的曲线,这是 PBS 冲洗后,待测样品从芯片表面解离的过程,其速度较慢。由曲线阶段 2～5 可见,待测样品中 CLB 抗体浓度越大,与探针免疫反应的速度越快。但是,这一规律在曲线阶段 5、6 的对比中并不明显,其原因可能是多次免疫反应后致使芯片表面的探针数量减少,即使待测样品中的 CLB 抗体浓度更高,但是两者的结合速度也会下降。实验中可通过缩短单个样品的检测时间,减小探针的消耗速度,实现对更多样品的连续检测。连续检测法可用于抗体筛选,适用于大量样品的连续、快速检测,节省时间,降低成本,不需要标记、洗脱、染色等步骤,减少了有毒有害试剂的使用,有推广价值。

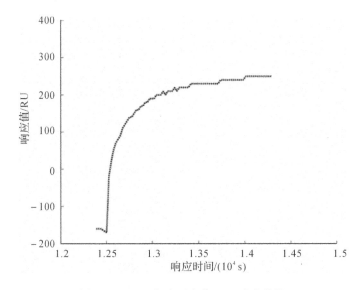

图 5-5　CLB 免疫反应的 SPR 响应曲线

其中浓度为 2 mg/L 和 4 mg/L 的抗体与抗原(探针)免疫反应过程的动力学曲线如图 5-7 所示,为了便于分析比对,曲线回放时将不同浓度反应曲线的基线调整为一致。由图 5-7 可见,不同浓度 CLB 抗体与抗原的免疫反应速度都为先快后慢,逐渐趋于饱和,反应过程呈近似对数关系,符合免疫反应规律。浓度为 4 mg/L 的抗体与抗原反应速度整体高于浓度为 2 mg/L 的抗体与抗原反应速度。通过减小振镜扫描步长可进一步提高系统分辨率,但会延长每次扫描的时间,减少测量的数据点。因此,在免疫反应阶段可以适当缩小扫描范围。

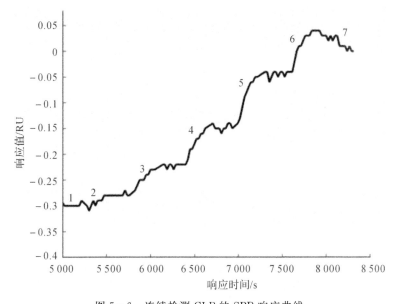

图 5-6　连续检测 CLB 的 SPR 响应曲线

1—PBS；　2—2 mg/L 的 anti-CLB；　3—4 mg/L 的 anti-CLB；　4—8 mg/L 的 anti-CLB；

5—16 mg/L 的 anti-CLB；　6—32 mg/L 的 anti-CLB；　7—SDS-HCl

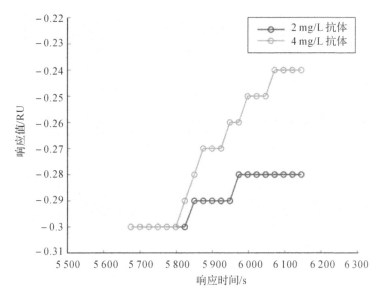

图 5-7　浓度为 2 mg/L 和 4 mg/L 的抗体与抗原免疫反应曲线

上述样品与探针免疫反应时的 SPR 扫描曲线如图 5-8 所示。由图可见,样品中 CLB 抗体的浓度越大,SPR 响应值(SPR 角)也越大,这是 CLB 抗原与抗体的结合物质量增大所致。以 CLB 抗体与探针免疫反应到 5 min 时的 SPR 响应值为纵坐标,以 CLB 抗体的浓度为横坐标,绘制得到连续检测 CLB 的标准曲线如图 5-9 所示。可见,在 0~15 mg/L 的浓度范围内,SPR 响应值与 CLB 浓度基本呈线性关系。基于该数学关系,根据实际样品检测时获得的 SPR 响应值,可计算得出样品中 CLB 抗体的浓度。

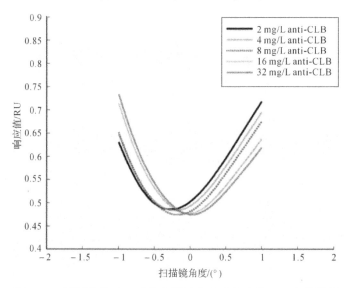

图 5-8　不同浓度 CLB 抗体与探针免疫反应时的 SPR 扫描曲线

5.1.3　CLB 快速检测法

自行研制的便携式强度型 SPR 生物传感器,采取角度扫描的方式探测获得样品的 SPR 角。扫描的角度范围越大、步长越小,完成一次 SPR 探测的用时越长。例如:CLB 样品的免疫反应检测,SPR 生物传感器角度扫描范围为 2°时,一次 SPR 探测约需 12 s;角度扫描范围为 1°时,探测时间可缩短一半。如果上述两次扫描探测的步长保持不变,免疫反应检测时间相同的情况下,角度扫描范围为 1°时,通过探测 SPR 响应值获得的测量点数将是角度扫描范围为 2°时的 2 倍,测量点数越多意味着 SPR 响应曲线越平滑,如图 5-10 所示。图中曲线的阶段 1 是扫描 PBS 形成的 SPR 响应基线;阶段 2 是角度扫描范围为 2°时免疫反应检测的 SPR 响应曲线;阶段 3 是用扫描 SDS-HCl 洗脱过程的 SPR 响应基线;阶段 4 是洗脱后再扫描 PBS 形成的 SPR 响应基线;阶段 5 是角度扫描范围为 1°时免疫反应检测的 SPR 响应曲线。由图可见,改变角度扫描范围并不影响免疫反应检测的结果,但用小范围扫描得到的 SPR 响应曲线由于测量点数增加,曲线相对更加平滑。

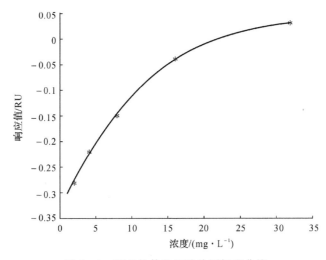

图 5 - 9　CLB 抗体的连续检测标准曲线

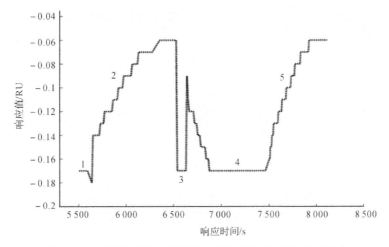

图 5 - 10　不同角度扫描范围的免疫反应检测 SPR 响应曲线

1—PBS 的 SPR 响应曲线; 2—角度扫描范围为 2°时的 SPR 响应曲线;

3—SDS - HCl 洗脱液的 SPR 响应曲线; 4—PBS 的 SPR 响应曲线;

5—角度扫描范围为 1°时的 SPR 响应曲线

进一步地,将上述两种角度范围扫描时各完成一次 SPR 角探测的过程曲线重新绘制,如图 5-11 所示。由图可见,两种扫描探测得到的 SPR 角不变,表明角度扫描范围的变化不会影响样品的 SPR 角探测结果。因此,在免疫反应检测过程中,扫描角度和扫描步长的设置可根据 SPR 角的情况进行动态调整,以提高检测效率。

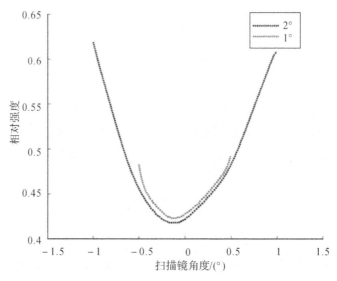

图 5-11　设置不同角度范围时扫描得到的 SPR 角探测曲线

5.1.4　直接检测法

直接检测法生物芯片的制备方法同上,制备过程响应曲线如图 5-12 所示,可见生物探针(CLB 抗原)固定后 SPR 响应值明显升高,PBS 冲洗后,响应值只有小幅下降(比固定前明显升高),说明探针固定效果很好。

在生物芯片表面固定抗原(CLB-BSA),直接检测 CLB 抗体,可进行抗体筛选和研究免疫反应动力学。同一个芯片至少可连续检测 50 个样品,一个样品检测完,PBS 冲洗 2 min,然后通入 SDS-HCl,使抗原-抗体结合物解离,SPR 响应值降回基线,可继续检测下一个样品。图 5-13 所示为直接法检测一组样品的动力学曲线。芯片表面固定了 CLB-BSA,样品中 CLB 抗体的浓度分别为 5 mg/L、10 mg/L、15 mg/L、20 mg/L、30 mg/L 和 50 mg/L。随着样品中 CLB 抗体浓度升高,免疫反应速度增快。每个样品检测约 400 s,随着免疫反应的进行,生物芯片表面抗原-抗体结合物增多,SPR 响应值增大。检测每个样品时,免疫反应先快后慢,逐步趋于饱和。本组实验若延长反应时间,曲线将趋于平缓,免疫反应饱和的趋势会更明显。

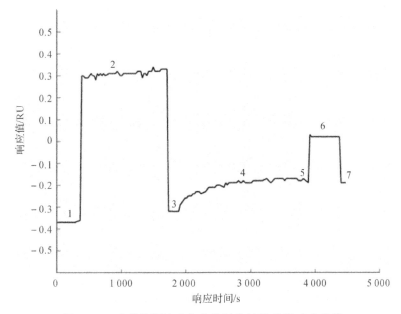

图 5 - 12 直接检测法生物芯片制备过程 SPR 响应曲线

1—PBS; 2—活化; 3—PBS; 4—固定生物探针; 5—PBS; 6—灭活; 7—PBS

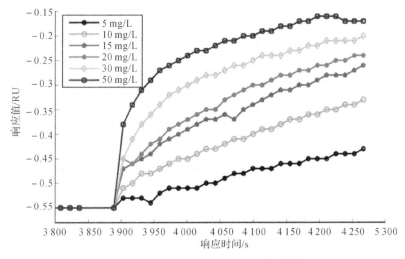

图 5 - 13 直接法检测 CLB 的动力学曲线

根据动力学常数计算模型,选取动力学曲线斜率变化最快的部分,首先求该部分响应 R 与时间 t 的微分 dR/dt;然后用 dR/dt 对 R 作线性拟合绘图,求出斜率;最后用该斜率与对应的抗体的浓度作线性拟合绘图,求出的斜率即为 k_a(数值约为 $0.1 \times 10^3 \ \text{mol} \cdot \text{L}^{-1} \cdot \text{s}^{-1}$),截距即为 k_d(数值约为 $0.013 \ \text{s}^{-1}$),结果如图 5-14 所示。

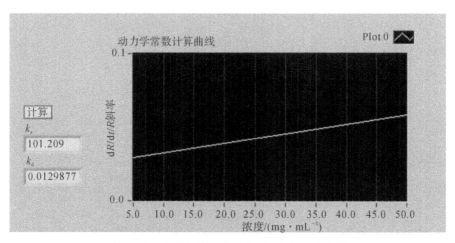

图 5-14　直接法检测 CLB 的 k_a 和 k_d 计算结果

5.1.5　抑制检测法

抑制检测法生物芯片的制备方法同上,制备过程的响应曲线如图 5-15 所示。由图可见,生物探针固定后 SPR 响应值明显升高,PBS 冲洗后,响应值只有小幅下降,说明探针固定效果很好。

CLB 的相对分子质量较小(313.7),可与固定在芯片表面的抗体结合,但对芯片表面附近的折射率影响小,SPR 共振峰的变化小,直接检测效果不好。为了对 CLB 痕量小分子物质检测,提出抑制免疫型生物芯片法。将 CLB 的衍生物(CLB-BSA)固定在生物芯片表面,不同浓度的 CLB 小分子与抗体混合后通入芯片表面,分析动力学过程。样品中的 CLB 小分子和芯片表面的 CLB 衍生物都可以与样品中的抗体结合,是竞争的关系,样品中 CLB 小分子抑制了抗体与芯片表面的探针 CLB-BSA 结合,样品中 CLB 的浓度与响应值的变化成反比。如果样品中 CLB 浓度小,那么更多的抗体与芯片表面探针结合,SPR 响应值的变化大。抑制检测法原理如图 5-16 所示。

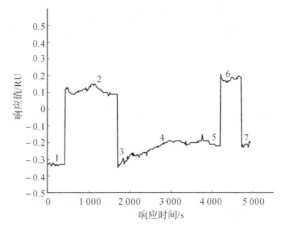

图 5 - 15　直接检测法生物芯片制备过程的 SPR 响应曲线

1—PBS；　2—活化；　3—PBS；　4—固定生物探针；　5—PBS；　6—灭活；　7—PBS

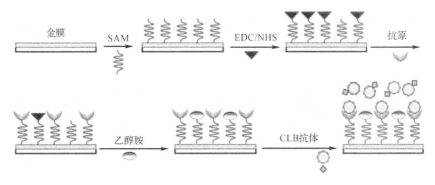

图 5 - 16　CLB 抑制检测法原理图

　　用 PBS 将 CLB 的抗体稀释为 20 mg/L 的工作浓度，CLB 小分子的终浓度为 0 μg/L、2 μg/L、5 μg/L、10 μg/L、15 μg/L 和 20 μg/L，抗体与 CLB 混合 5 min 后，将混合溶液依次加到芯片表面，记录 SPR 的动态变化。免疫反应 6 min 后通入 SDS - HCl 溶液洗脱抗原-抗体结合物，4 min 后，PBS 冲洗后，SPR 响应值可回到初始的基线，然后加入下一浓度的样品，继续检测。经测定，固定了生物探针的生物芯片至少可连续检测 50 组样品，超过 50 组样品 SPR 响应值明显下降，这说明生物芯片表面固定的探针受损。这时芯片表面通入 0.1 mol/L 的 HCl 可实现芯片再生，重新自组装并固定生物探针，传感芯片可继续使用。图 5 - 17 是这组样品通入芯片表面，抑制法检测 CLB 小分子时的动力学曲线,当样品中 CLB 浓度大时,可与芯片表面探针结合的 CLB 抗体数量少,免疫反应速度慢,SPR 响应值低,CLB 小分子浓度与 SPR 响应值成反比。

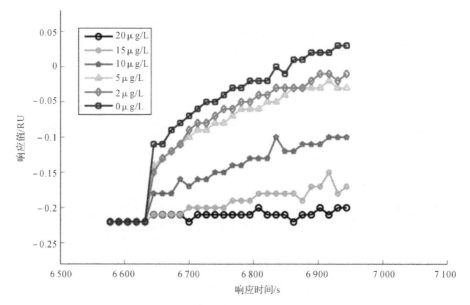

图 5-17　抑制法检测 CLB 的动力学曲线

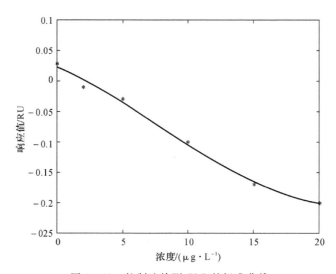

图 5-18　抑制法检测 CLB 的标准曲线

　　图 5-18 是抑制法检测 CLB 小分子的标准曲线,用免疫反应 5 min 时的响应值作为纵坐标、CLB 浓度作为横坐标绘制抑制法检测 CLB 的标准曲线,曲线近似呈倒"S"形,对每一个浓度进行反复测试(3 次)的标准偏差小于 10%,检出限小于 2 μg/L,低于商业化仪器 Biacore 2000 的 CLB 检出限 10 μg/L,与 HPLC 和 ELISA 的 CLB 检出限 2 μg/L 相同。IC_{50}(半抑制浓度)值为 10 μg/L。由未知浓度的待测样品 SPR 响应值,查询标准曲线,可得出样品中 CLB 的浓度,可用于食品质量监控和现场实时检测。

　　称量 2 g 猪肉,加入 6 mL 的 0.1 mol/L 的 HCl,振荡 10 min,室温 4 000 r/min 离心 10 min。取上清液 3 mL,加入 2 mL 的 0.1 mol/L 的 NaOH,加入 6 mL 乙酸乙酯,振荡 10 min,室温下 4 000 r/min 离心 10 min。取全部上清液于 50 ℃ 氮气下吹干。加入 1 mL 三蒸水复溶。由表面等离子体共振生物芯片检测猪肉提取物,样品中 CLB 浓度为 2.75 μg/L,抑制法工作抗体浓度为 250 μg/L,检测结果如图 5-19 所示。阶段 1、3 是 PBS 冲洗的过程记录曲线(基线),阶段 2 是芯片活化的过程记录曲线,阶段 4 是固定探针(CLB-BSA)的过程记录曲线,阶段 5 是 PBS 冲洗的过程记录曲线,阶段 6 是用乙醇胺封闭灭活的过程记录曲线,阶段 7、9、11 是 PBS 冲洗过程记录曲线,阶段 8 为 CLB 免疫反应检测的过程记录曲线,阶段 10 为空白对照。由图中曲线阶段 8、10 对比可见,含有 CLB 的 SPR 响应值与空白对照的 SPR 响应值区别明显,表明该仪器和方法可在 CLB 实际检测中应用。

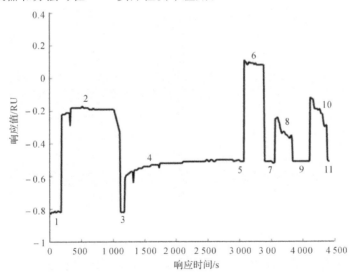

图 5-19　猪肉中提取 CLB 的 SPR 检测过程曲线

5.1.6 检测方法的对比分析

将本书自行研制的便携式强度型 SPR 生物传感器应用于 CLB 的检测研究,共提出 4 种检测方法,将各方法的特点总结如下:

(1)CLB 的连续检测法,制备一次生物芯片,可实现对多组 CLB 样品的检测,能从整体上提高 CLB 的免疫反应检测速度,提升其动力学研究的效率。CLB 的快速检测法,能缩短单次免疫反应检测的时间,可在相同的检测时间内增加测量点数,从而进一步优化测量结果。

(2)基于自主研制的 SPR 生物传感器,可将 CLB 的连续检测法与快速检测法结合使用,可大幅缩短样品的检测时间,适用于 CLB 的基础研究、抗体筛选,甚至有望实现现场对大量样品的快速检测。

(3)CLB 的直接检测法,可研究 CLB 抗原-抗体亲和力及动力学反应过程,适用于基础研究和抗体的筛选等。

(4)抑制检测法可检测样品中的 CLB 小分子,灵敏度高,与目前常用的 HPLC 和 ELISA 方法检出限相同,可用于食品检测领域。

5.2 SPR 检测微囊藻毒素的应用研究

微囊藻毒素(Microcystin,MC)是蓝藻的次生代谢产物,为分布最广泛的肝毒素,是一类具有生物活性的环状七肽化合物,其相对分子质量为 900～1 200,主要由淡水藻类铜绿微囊藻产生。MC 具有相当的稳定性,它能够强烈抑制蛋白磷酸酶的活性,还是强烈的肝脏肿瘤促进剂。MC 能引起头晕、耳鸣、眩晕、头痛、呕吐、恶心、轻度耳聋、视力障碍和失明等神经系统异常症状,可造成肝脏等多个器官的衰竭。在我国长江、黄河、松花江中下游等主要河流以及鄱阳湖、武汉东湖、滇池、上海淀山湖等淡水湖泊中都相继发生过蓝藻水华污染并检测到 MC。流行病学调查显示,饮用水源中 MC 是中国南方一些地区原发性肝癌发病率高的主要原因之一。至今,已发现 80 多种 MC 异构体,在淡水环境中存在较多、毒性较强的是 MC - LR。目前,世界卫生组织(WHO)推荐的饮用水标准和我国地表水环境质量标准中规定 MC - LR 的含量限制为 1 μg/L。目前检测 MC - LR 的主要方法是高效液相色谱(HPLC)等色谱分析法、酶联免疫分析法(ELISA)等免疫学方法以及电化学方法。这些方法设备昂贵,样品需要标记,检测周期长,对操作人员要求高,难以满足快速、现场检测的需求。

本书采用自主开发的便携式强度型 SPR 生物传感器,利用 SPR 光学技术结合免疫反应的特异性,提出 MC - LR 的竞争型免疫检测方法。该方法免标记、灵敏度高(检测限低于 1 μg/L)、速度快,并且可实现定量检测,可用于食品现场安全检测及质量控制等领域。

5.2.1　自主制备 MC - LR 检测芯片

在圆形玻璃片(直径 20 mm、厚度 1 mm)上表面镀约 50 nm 厚的金膜。将 1 mmol/L 的 $HS(CH_2)_{10}COOH$ 和 $HS(CH_2)_6OH$ 的乙醇溶液(质量比为 1:9)置于金膜表面,对其进行修饰约 2 h,然后将修饰后的传感芯片通过香柏油固定在仪器柱面棱镜上,并安装好流通系统。通过流路系统通入 PBS 冲洗 2 min。再加入 NHS 和 EDC 混合液(浓度均为 0.1 mol/L,体积比为 1:1),对传感芯片进行活化 15 min,之后用 PBS 冲洗 2 min。将稀释了 30 倍的 MC 衍生物(MC - LR - BSA)作为生物探针,加至芯片表面固定 30 min 后再通入 PBS 冲洗 2 min。最后,加入 1 mol/L 的乙醇胺(pH＝8.5)封闭灭活剩余的酯键,用时 2~4 min,再用 PBS 冲洗。至此,MC - LR 生物芯片的制备过程结束。

5.2.2　MC - LR 工作浓度测试

MC - LR 为小分子(相对分子质量为 995.2),MC - LR 与其抗体结合引起芯片表面折射率的变化不明显,如果直接检测两者的结合反应过程,灵敏度较低。为此,本书提出一种针对 MC - LR 的竞争抑制型 SPR 检测方法。用 MC 衍生物(MC - LR - BSA)取代抗体作为生物探针,固定于生物芯片表面。将不同浓度的 MC - LR 分子与过量的抗体混合后,加至芯片表面。MC - LR 和抗体形成竞争关系,MC - LR 的浓度越高,抗体与探针的结合则越少,引起芯片表面折射率的变化也越小,SPR 响应值的变化也越不明显,样品中 MC - LR 分子的浓度与 SPR 响应值的变化为反比关系,利用该关系可定量测得 MC - LR 分子的浓度,提高检测灵敏度。

实验中,抗体工作浓度不变,每组样品(不同浓度 MC - LR 分子与抗体的混合液)测试完后,通入 PBS 冲洗,通入 1% 的 SDS(十二烷基磺酸钠)溶液再生,使 SPR 响应值回到基线,再进行下一组样品的检测。该方法的检测过程如图 5 - 20 所示。

实验中,MC - LR 抗体工作浓度的选择非常关键,提高其浓度,虽然会提升检测灵敏度、降低检测限,但也增大了抗体的消耗,检测成本也相应增加。为了确定 MC - LR 抗体的工作浓度,用 PBS 稀释调制浓度分别为 1 mg/L、2 mg/L、3 mg/L 和 10 mg/L 的抗体,对其与探针的结合进行 SPR 响应测试,结果如图 5 - 21 所示。由图可见,抗体浓度越大,其与探针结合的 SPR 响应值也越大,意味着检测灵敏度越高,但考虑到抗体消耗的问题,最终工作浓度选定为比较适中的 3 mg/L。

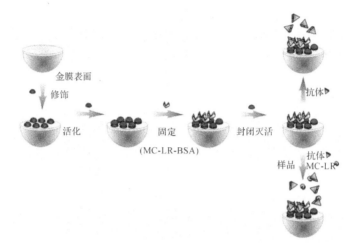

图 5 - 20   MC - LR 抑制检测过程示意图

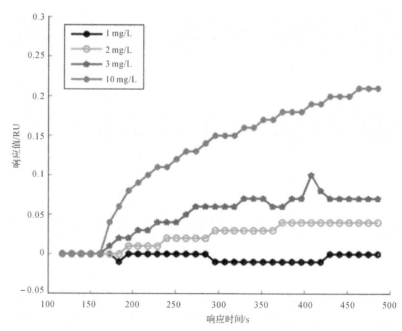

图 5 - 21   不同浓度 MC - LR 抗体与 MC - LR - BSA 结合的 SPR 响应曲线

5.2.3　MC - LR 抑制检测法

将浓度为 3 mg/L 的 MC - LR 抗体分别与浓度为 0 μg/L、1 μg/L、1.5 μg/L、2.5 μg/L 和 3.5 μg/L 的 MC - LR 毒素分子混合,各浓度的混合液静置反应 5 min 后,再分别通入芯片,混合液与芯片表面固定的探针免疫结合,每组样品免疫结合 8 min,PBS 冲洗后,通入 SDS 再生,再进行 PBS 冲洗,待 SPR 响应值降回至基线后,通入下一组样品进行 SPR 检测。为了便于观察,将每组样品 SPR 动力学曲线的反应时间起点归零,重新绘制得到的曲线如图 5 - 22 所示。

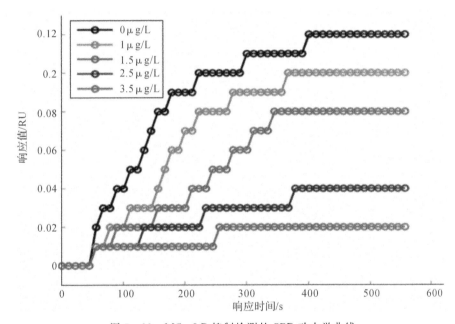

图 5 - 22　MC - LR 抑制检测的 SPR 动力学曲线

由图 5 - 22 可见,样品中 MC - LR 毒素分子的浓度小,可与生物探针免疫结合的 MC - LR 抗体多,抗体与探针免疫结合的速度快,SPR 响应值高,表明样品中 MC - LR 毒素分子的浓度与免疫反应的 SPR 响应值成反比。为了实现对 MC - LR 毒素的定量检测,根据上述实验结果绘制 MC - LR 抑制检测的标准曲线。如图 5 - 23 所示,标准曲线以抗体与探针免疫反应 300 s 时 SPR 响应值为纵坐标,以 MC - LR 毒素分子的浓度为横坐标。在实际定量检测中,先测得样品 SPR 响应值,将其代入标准曲线表征的数学公式,经过数值计算即可得出样品中 MC－LR 毒素分子的浓度。

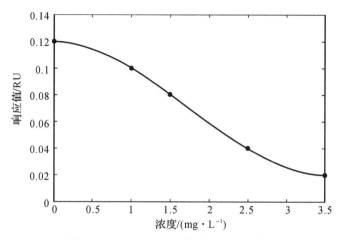

图 5－23　MC－LR 抑制检测的标准曲线

实验结果表明,基于 SPR 的 MC－LR 抑制法检测限小于 1 μg/L,完成一次检测仅需 480 s 左右。该方法与色谱分析法、免疫学方法以及电化学方法等相比,检测设备便携、检测速度快、免标记、无污染,有望大范围应用于现场快速 MC－LR 毒素筛查。

5.3　SPR 检测蝇毒磷的应用研究

有机磷农药(Organo Phosphorus Pesticides,OPPs)是一类含有不同取代基团的磷酸酯,通过对乙酰胆碱酯酶的抑制作用起到杀虫效果,但是会在农产品中残留,严重威胁人类健康,由此引起的中毒事件时有发生,因此 OPPs 已被禁止使用,一些国家及国际组织对食品中 OPPs 的残留规定了严格限量,其中我国规定蝇毒磷在蔬菜和水果中的残留量低于 0.05 mg/kg。传统的农药检测方法有气相色谱-质谱联用(Gas Chromatography－Mass Spectrometry,GC－MS)技术、高效液相色谱法(High Performance Liquid Chromatography,HPLC)、酶联免疫技术(Enzyme Linked Immunosorbent Assay,ELISA)等,这些方法的样品前处理过程烦琐、通常需要标记、仪器贵重、操作复杂,不利于快速检测和现场检测,因此,开发简单、快速、灵敏和价廉的农药检测方法是一个亟待解决的问题。

基于免疫分析原理的 SPR 生物传感器,无须标记、灵敏度高、特异性强、操作简便、样品前处理简单,已被广泛用于药物分析、食品分析、环境监测等众多领域。本书采用自主开发的便携式强度型 SPR 生物芯片检测仪,利用免疫反应的特异性,研究高毒性农药蝇毒磷的检测,分析动力学反应过程。与传统农药检测方法相比,本书中研究的仪器便携,操作简便,无须标记,无污染,成本低,可进行现场大量样品的实时连续检测和快速筛选,适用于商场、码头、集市等需要实时检测的场所。

5.3.1　制备蝇毒磷检测芯片

生物芯片为直径 20 mm、厚度 1 mm 的圆形玻璃片,沉积 50 nm 的金。将镀有金膜的传感芯片固定到仪器上,安装流通系统,进行 PBS(2 mmol/L NaH$_2$PO$_4$、2 mmol/L Na$_2$HPO$_4$、150 mmol/L NaCl,pH=7.4)冲洗,基线稳定几分钟后进行生物芯片的自组装,通入 1 mmol/L 的 HS(CH$_2$)$_{10}$COOH(巯基十一酸)和 HS(CH$_2$)$_6$OH(巯基己酸)的乙醇溶液(质量比为 1∶9),对金膜表面进行化学修饰 2 h,然后进行 PBS 冲洗。基线稳定后加入 0.1 mol/L 的 NHS 和 0.1 mol/L 的 EDC 混合液(体积比为 1∶1),活化芯片表面 15 min,之后用 PBS 冲洗 2 min,这时的基线比活化前略有升高。然后进行生物探针的固定。在生物芯片表面固定稀释 15 倍蝇毒磷衍生物(H$_{11}$-OVA)作为生物探针,此时 SPR 响应值明显升高,30 min 后通入 PBS 冲洗 2 min,响应值只有小幅下降,说明探针固定效果较好。加入 1 mol/L 的乙醇胺(pH=8.5)封闭灭活剩余的酯键,5～7 min,PBS 冲洗后,生物芯片制备完成,可用于下一步的免疫检测。

5.3.2　抗体检测

将稀释 15 倍的蝇毒磷衍生物(H$_{11}$-OVA)固定在生物芯片表面,检测对象是蝇毒磷抗体,抗体浓度分别为 100 μg/L、500 μg/L、1 mg/L、2 mg/L。图 5-24 是固定 H$_{11}$-OVA 的生物芯片检测蝇毒磷抗体的共振曲线,记录的是免疫反应 350 s 时的 SPR 响应值。检测样品中的抗体与芯片表面的抗原发生免疫反应,形成抗原-抗体结合物,SPR 响应值增大。随着样品中抗体浓度的增大,相同反应时间,更多的抗体与抗原结合,SPR 角增大。图 5-25 是直接检测蝇毒磷抗体的标准曲线,室温(20±1)℃,以通入样品免疫反应 350 s 时的响应值为纵坐标,样品中抗体的浓度为横坐标,可见 0～1 mg/L 浓度的样品 SPR 响应值与浓度基本呈线性关系,并且由未知浓度的待测样品 SPR 响应值,查询标准曲线,可得出样品中抗体的浓度。为研究免疫反应规律,可延长反应时间,图 5 - 26 是固定 H_{11} - OVA 的生物芯片检测抗体的动力学曲线,样品浓度 2 mg/L,反应时间约 500 s。如图 5 - 26 所示,SPR 响应值随检测时间增加,反应速度先快后慢,逐渐趋于饱和。该方法适用于蝇毒磷抗体筛选、研究抗体亲和力和免疫反应动力学。实验中扫描步长设为 0.01°,根据光路设计,对应的角度分辨率为 0.02°。直接检测蝇毒磷抗体检测限可达 25 $\mu g/L$。

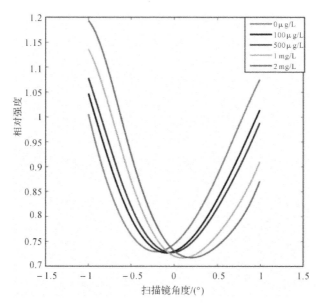

图 5 - 24　SPR 生物芯片检测蝇毒磷抗体的共振曲线

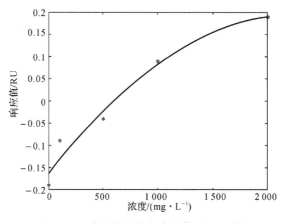

图 5 - 25　直接检测蝇毒磷抗体的标准曲线

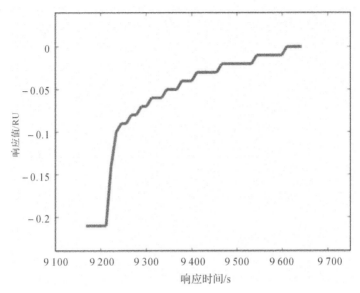

图 5-26　固定 H_{11}-OVA 的生物芯片检测 2 mg/L 蝇毒磷抗体样品的动力学曲线

5.3.3　连续检测

蝇毒磷抗原、抗体免疫反应完成后,通入 SDS-HCl 可实现抗原-抗体结合物从芯片表面解离,但是对芯片表面有很强的破坏性,影响芯片的检测次数和使用寿命,并且可能会改变基线的位置,影响检测结果的准确性。因此,要尽量减少使用酸或碱洗脱、再生芯片的次数。

SPR 检测蝇毒磷免疫反应得到的曲线为对数增长曲线,如图 5-27 所示,先快后慢,逐渐趋于平缓,最后免疫反应达到饱和。蝇毒磷免疫反应速度较慢,在起始阶段(5 min 内)免疫反应的响应值与时间近似呈线性关系,通常 5 min 以后反应速度才趋于平缓,15 min 后才会达到平衡,并且当生物芯片表面固定的生物探针较多,待测样品的浓度不高时,起始阶段探针与待测物的结合数量少,只占芯片表面探针的小部分,对后面加入的样品中待测物与芯片探针的结合影响很小。解离速度与抗体本身的性质、温度以及缓冲液成分有关。蝇毒磷免疫反应完成后,通入 PBS 冲洗,使抗原-抗体结合物解离,解离速度很慢。

基于此,提出蝇毒磷连续检测法,如图 5-27 所示,阶段 1 是 PBS 形成的基线,阶段 2 是通入 EDC/NHS,使生物芯片活化,阶段 3 是活化后 PBS 冲洗,阶段 4 是探针(H_{11}-OVA,浓度 2 mg/L)固定,阶段 5 是 PBS 冲洗,阶段 6 是乙醇胺封闭,阶段 7 是封闭后进行 PBS 冲洗。竞争法连续检测 5 个样品,蝇毒磷抗体工作浓度为 10 mg/L,蝇毒磷小分子浓度分别为 500 μg/L、200 μg/L、100 μg/L、50 μg/L、0 μg/L,抗体与蝇毒磷小分子混合,静置 5 min,然后依次通入生物芯片表面,阶段 8~12 记录了 5 个样品的动态检测曲线,每个样品检测完仅用 PBS 冲洗。现场实际检测中,如果缩短单个样品的检测时间,可以对更多组别的样品进行连续检测。该方法省略了酸或碱洗脱的步骤,减少了实验步骤,简化了芯片再生过程,降低了测量成本,有利于推广到大量样品的现场检测。

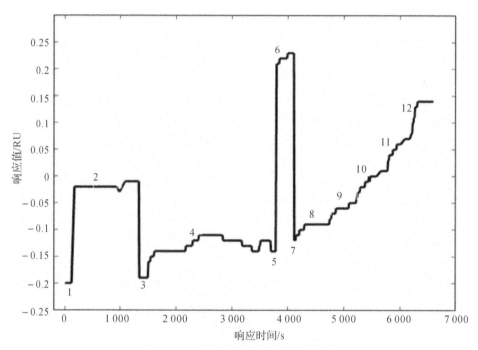

图 5-27　连续检测蝇毒磷的响应曲线

1—PBS；　2—活化；　3—PBS；　4—固定生物探针；　5—PBS；　6—灭活；

7—PBS；　8—500 μg/L；　9—200 μg/L；　10—100 μg/L；　11—50 μg/L；　12—0 μg/L

5.3.4　抑制法检测

蝇毒磷的相对分子质量较小(362.78),虽然能与固定在芯片表面的抗体结合,但对芯片表面附近的折射率影响小,SPR 共振峰的变化小,直接检测效果不好。为了对蝇毒磷痕量小分子物质检测,本书提出抑制型生物芯片检测方法。将蝇毒磷的衍生物(H_{11}- OVA)固定在生物芯片表面,不同浓度的蝇毒磷小分子与过量抗体混合后通入芯片表面,检测 SPR 效应,分析动力学过程。样品中的蝇毒磷小分子和芯片表面的蝇毒磷衍生物都可以与样品中的抗体结合,蝇毒磷小分子抑制蝇毒磷抗体与芯片表面的探针 H_{11}- OVA 结合,样品中蝇毒磷小分子的浓度与 SPR 响应值的变化成反比。如果样品中蝇毒磷浓度小,那么更多的蝇毒磷抗体与芯片表面探针结合,SPR 响应值(即 SPR角)的变化大,如图 5 - 28 和图 5 - 29 所示。

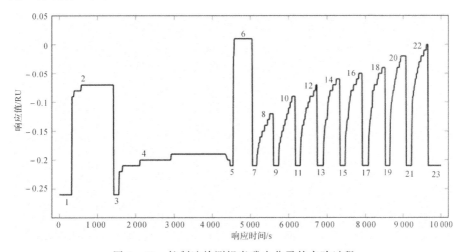

图 5 - 28　抑制法检测蝇毒磷小分子的实验过程

图 5 - 28 是抑制法检测一组蝇毒磷小分子样品的实验过程。阶段 1 为 PBS 形成的基线,阶段 2 是芯片表面活化,阶段 3 是活化后进行 PBS 冲洗,阶段 4 是生物芯片表面探针(H_{11}- OVA)固定,阶段 5 是固定后进行 PBS 冲洗,阶段 6 是乙醇胺封闭,阶段 7 是进行 PBS 冲洗。用 PBS 稀释蝇毒磷抗体,终浓度为 10 mg/L,蝇毒磷小分子的终浓度分别为 0 $\mu g/L$、50 $\mu g/L$、100 $\mu g/L$、300 $\mu g/L$、500 $\mu g/L$、1 000 $\mu g/L$、3 000 $\mu g/L$ 和 5 000 $\mu g/L$。蝇毒磷小分子与抗体混合 8 min 后通入生物芯片表面,记录 SPR 响应值的动态变化,如图5 - 28 中 8、10、12、14、16、18、20、22 所示。免疫反应约 6 min 后通入 SDS-HCl 溶液洗脱,PBS 冲洗后,SPR 响应值可回到初始的基线,如图 5 - 28 中 9、11、13、15、17、19、21、23 所示。样品中的蝇毒磷小分子与芯片表面探针竞争地与样品中的抗体结合,随着样品中蝇毒磷浓度减小,可与芯片表面探针结合的蝇毒磷抗体数量增多,蝇毒磷小分子浓度与 SPR 响应值成反比。经测定,

固定了生物探针的生物芯片至少可连续检测 50 组样品,超过这个检测量,SPR 响应值明显下降,灵敏度降低,这说明生物芯片表面固定的探针受损。为实现生物芯片再生,芯片表面通入 0.1 mol/L 的 HCl。此后重新自组装并固定生物探针,传感芯片可继续使用。图 5-29 是这组样品的动力学曲线,所示样品浓度分别为 0 μg/L、300 μg/L、1 000 μg/L 和 5 000 μg/L。

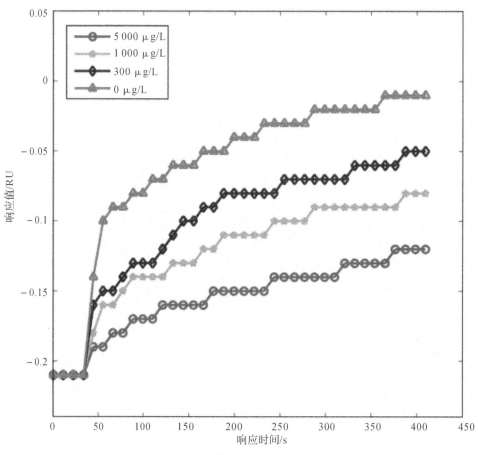

图 5-29　抑制法检测蝇毒磷小分子的动力学曲线

图 5-30 是抑制法检测蝇毒磷小分子的标准曲线,用免疫反应 5 min 时的响应值作为纵坐标,蝇毒磷浓度的对数值作为横坐标,曲线近似呈倒"S"形,对每一个浓度进行反复测试(3 次)的标准偏差小于 12%,检出限小于 25 μg/L。由未知浓度的待测样品 SPR 响应值,查询标准曲线,可得出样品中

蝇毒磷小分子的浓度,该方法可用于食品质量监控和现场实时检测。

　　将本书自行研制的便携式 SPR 生物传感器应用于蝇毒磷检测,提出了连续检测法,进行了蝇毒磷抗体检测实验。抗体检测可研究抗原与抗体亲和力及动力学反应过程,适用于基础研究和抗体的筛选等。连续检测法对蝇毒磷标准品的梯度溶液进行检测,适用于对样品中蝇毒磷的现场检测、大量样品的筛选等,减少洗脱的过程,增加芯片使用次数,缩短检测时间,降低成本,有很大的推广价值。与传统生化分析方法相比,SPR 生物芯片检测蝇毒磷具有免标记、只需单一抗体、所需样品量少、可迅速给出定量结果、研究反应动力学等一系列优点。该装置和方法可进行现场大量样品的实时连续检测和快速筛选,适用于商场、码头、集市等需要实时检测的场所。

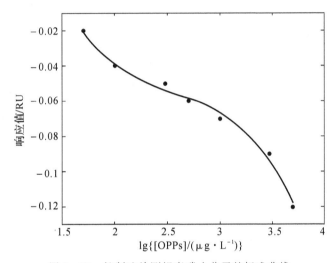

图 5 - 30　抑制法检测蝇毒磷小分子的标准曲线

5.4　SPR 检测玉米赤霉烯酮的应用研究

　　玉米赤霉烯酮(Zearalenone,ZEN)又称 F - 2 毒素,是由多种镰刀菌产生的一种类雌激素样的真菌毒素,其广泛存在于多种谷物中,如玉米、大麦、燕麦、小麦、水稻和高粱等。ZEN 具有较强的生殖毒性和致畸作用;可通过污染的谷物及其制品和污染的肉、奶、蛋等动物性食品进入动物或人体内,从而引起动物发生雌激素亢进症,导致动物不孕或流产,对猪、家禽、反刍动物影响较大,给畜牧业带来了很大经济损失;在急性中毒的条件下,对人体神经系统、心脏、肾脏、肝和肺均有毒害作用,严重威胁人类健康。可见,对食物中 ZEN 的检测与研究十分必要。

传统的 ZEN 检测研究方法包括薄层层析(Thin – layer Chromatography,TLC)法、高效液相-质谱联用色谱(High Performance Liquid Chromatography – Mass Sepectrum,HPLC – MS)法、酶联免疫吸附(Enzyme Linked Immunosorbent Assay,ELISA)检测技术以及胶体金免疫层析(Colloidal Gold Immunochromatographic Assay,GICA)检测方法等。传统的 ZEN 检测方法虽然具有灵敏度高的优点,但是存在仪器价格昂贵、样品处理步骤复杂(一般需要纯化和标记等,其中标记所用的荧光标记物会污染环境)、检测周期长、操作过程复杂等技术缺陷,难以满足现场快速检测研究的要求。因此,亟须建立低成本、免标记、实时快速、特异、简便的 ZEN 检测方法。

SPR 生物传感技术通过探测生物分子间相互作用引起的微小折射率变化,达到对生物效应中的分子间相互作用的实时监测。SPR 生物传感技术对检测的生物样品不需要纯化、无须标记,可实现快速、无扰、动态检测,相对其他一些传感技术能提供更为丰富的信息。本书基于自主开发的便携式强度型 SPR 生物传感器,制备可快速测定 ZEN 的生物芯片,建立无标记检测 ZEN 的新方法,使其可用于现场快速检测。这为农产品中 ZEN 的快速检测研究提供了一种新方法和新手段。

5.4.1 制备 ZEN 检测芯片

生物芯片的制备包括修饰、活化、固定和灭活等过程,具体操作方法如下:

(1)将金膜(直径 20 mm、厚度 1 mm 的圆形玻璃片表面沉积 50 nm 厚的金)用香柏油(折射率为 $1.51 \sim 1.52$)作为匹配液粘在 SPR 仪的柱面棱镜(K9 玻璃)上,用 1 mmol/L 的 $HS(CH_2)_{10}COOH$(巯基十一酸)和 $HS(CH_2)_6OH$(巯基己酸)的乙醇溶液,质量比为 1∶9,对金膜表面进行自组装修饰 4 h,修饰液中的巯基与金键合,形成羧基;安装流路系统,设置 SPR 扫描参数(根据实验实际情况,综合考虑系统分辨能力和单次扫描时间,设定参数:扫描起点 $-1°$,扫描范围 $2°$,扫描步长 $0.01°$);以 1 000 μL/min 的流速向芯片表面泵入 PBS(2 mmol/L NaH_2PO_4,2 mmol/L Na_2HPO_4,150 mmol/L NaCl,pH= 7.4),开始记录 SPR 响应值,以此时 PBS 的 SPR 角作为基准(见图 5 – 31 中阶段 1,其中:纵轴为时间;横轴为 SPR 角的变化)。

(2)基线稳定后加入 0.1 mol/L 的 NHS 和 0.1 mol/L 的 EDC 混合液(体积比为 1∶1),活化芯片表面 $20 \sim 25$ min,将芯片表面的羧基活化成活泼酯,此时的 SPR 响应值升高(见图 5-31 中阶段 2),用 PBS 冲洗 3～4 min,稳定后基线略有上升(见图 5-31 中阶段 3),活化后的芯片可固定蛋白质。

(3)直接检测法和抑制检测法,均在生物芯片表面固定浓度为 100 mg/L 的玉米赤霉烯酮-牛血清白蛋白(ZEN-BSA)偶联物作为生物探针,此时 SPR 响应值明显升高(见图 5-31 中阶段 4),约 30 min 后通入 PBS 冲洗 2～3 min,响应值只有小幅下降(见图 5-31 中阶段 5),这说明生物探针固定效果较好。

(4)加入 1 mol/L 的乙醇胺(pH=8.5)5～7 min 封闭灭活剩余的酯键(见图 5-31 中阶段 6),PBS 冲洗后,生物芯片制备完成,可用于 ZEN 抗体直接免疫检测和 ZEN 毒素小分子抑制免疫检测。

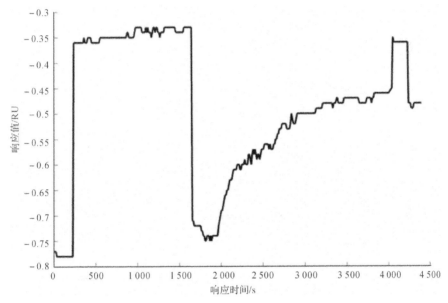

图 5-31　生物芯片制备过程记录曲线

1—基线；　2—活化；　3—基线；　4—固定生物探针；　5—基线；　6—灭活；　7—基线

5.4.2　直接检测法检测抗体

将生物芯片用于 ZEN 抗体的直接免疫检测,可进行抗体筛选和免疫反应动力学基础研究。将 ZEN 抗体用 PBS 调配成不同浓度的抗体样品,依次加到制备好的生物芯片表面,样品中的抗体与芯片表面的抗原特异性结合,一个样品的免疫反应过程检测完,通入 PBS 2 min,然后通入 SDS-HCl,使抗原-

抗体结合物解离,SPR 响应值降回基线,可继续检测下一个样品。图 5-32 为直接法检测一组样品的动力学曲线。芯片表面固定了 ZEN-BSA,样品中 ZEN 抗体的浓度分别为 10 μg/mL、20 μg/mL、30 μg/mL、40 μg/mL 和 50 μg/mL。随着样品中 ZEN 抗体浓度升高,免疫反应速度增快。单个样品检测约 400 s,随着免疫反应的进行,生物芯片表面抗原-抗体结合物增多,SPR 响应值增大。检测每个样品时,免疫反应先快后慢,逐步趋于饱和,反应过程呈近似对数函数关系,符合免疫反应规律。图 5-33 为这一组样品 SPR 检测的共振曲线(样品加入 50 s 后测得),随着样品中 ZEN 抗体浓度的增大,在相同反应时间下,生物芯片表面的抗原-抗体结合物质量增加(折射率越高),SPR 角增大,反映在 SPR 曲线上即为相对强度吸收峰向右位移。

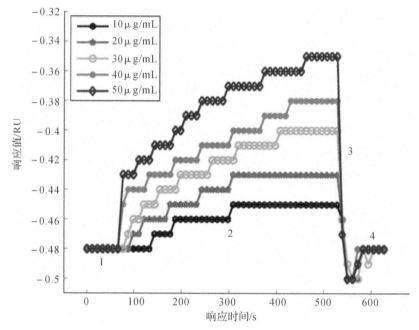

图 5-32　直接法检测不同浓度 ZEN 抗体的动力学曲线
1—基线；　2—结合；　3—解离；　4—基线

图 5-34 是直接法检测 ZEN 抗体的标准曲线,室温(20±1)℃,以通入样品免疫反应 350 s(免疫反应趋于饱和)时的相对响应值为纵坐标,样品中 ZEN 抗体的浓度为横坐标,可见 10～50 μg/mL 浓度的样品 SPR 响应值与浓度基本呈线性关系,标准曲线方程为 $f(x) = 0.0025x - 0.4770$, $R^2 = 0.9952$,RMSE=0.0032。经测试,固定了生物探针的生物芯片至少可连续

检测 50 组样品,超过 50 组样品 SPR 响应值开始下降。用固定了浓度为 100 mg/L 的 ZEN‐BSA 生物芯片连续检测浓度为 50 μg/mL 的 ZEN 抗体,单次免疫反应 350 s 时 SPR 响应值(相对于基线的变化量)如图 5‐35 所示,说明检测超过 50 次后生物芯片表面固定的探针受损,这时芯片表面通入 0.1 mol/L 的 HCl 可实现芯片再生,重新自组装并固定生物探针,传感芯片可继续使用。该方法适用于 ZEN 抗体的定量检测及筛选、抗体亲和力和免疫反应动力学基础研究。

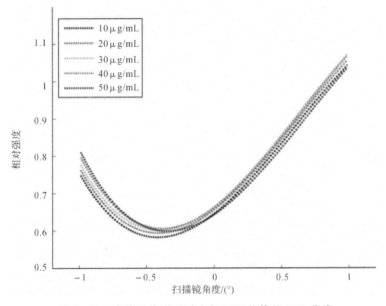

图 5‐33　直接法检测不同浓度 ZEN 抗体的 SPR 曲线

5.4.3　抑制检测法检测小分子

由于 ZEN 的相对分子质量较小(318.4),其虽可与固定在芯片表面的抗原结合,但对芯片表面附近的折射率影响小,引起 SPR 角变化小,直接检测的检测限较高。为了对 ZEN 痕量小分子物质检测,本书提出抑制免疫型生物芯片法,可放大响应值,降低检出限。生物芯片制备过程同上所述,将 ZEN 的衍生物(ZEN‐BSA)固定在生物芯片表面作为生物探针,不同浓度的 ZEN 毒素小分子与 ZEN 抗体混合后通入芯片表面,分析动力学过程。样品中的 ZEN 小分子和芯片表面的 ZEN 衍生物都可以与样品中的抗体结合,是竞争的关系,样品中 ZEN 小分子抑制了抗体与芯片表面的生物探针(ZEN – BSA)结合,样品中 ZEN 小分子的浓度与响应值的变化成反比。如果样品中 ZEN 小分子浓度低,则更多的抗体与芯片表面生物探针结合,SPR 响应值(SPR 角)的变化大。

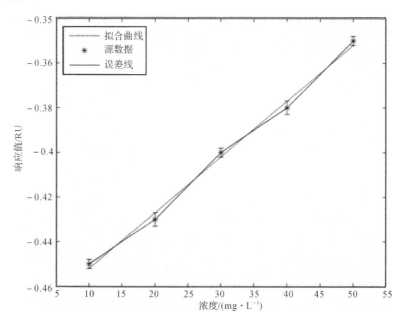

图 5 - 34　直接法检测 ZEN 抗体的标准曲线

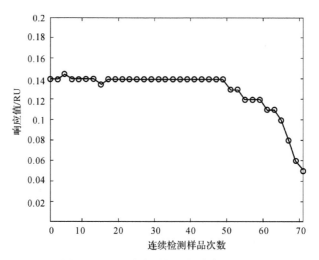

图 5 - 35　连续检测样品的稳定性测试

用 PBS 将 ZEN 抗体稀释为 5 μg/mL 的工作浓度,ZEN 毒素标准品小分子的终浓度为 0 μg/mL、2 μg/mL、8 μg/mL、16 μg/mL 和 32 μg/mL,抗体与 ZEN 标准品小分子混合 5 min 后,将混合溶液依次加到芯片表面,记录 SPR 的动态变化。免疫反应 6 min 后通入 SDS - HCl 溶液洗脱抗原-抗体结合物,2 min后,通入 PBS 清洗,SPR 响应值可回到初始的基线,然后加入下一浓度的样品,继续检测。图 5 - 36 是这组样品通入芯片表面,抑制法检测 ZEN 小分子时的动力学曲线,当样品中 ZEN 浓度大时,可与芯片表面生物探针结合的 ZEN 抗体数量少,免疫反应速度慢,SPR 响应值低,ZEN 小分子浓度与 SPR 响应值成反比。

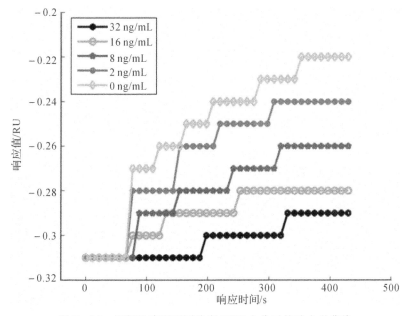

图 5 - 36 抑制法检测不同浓度 ZEN 小分子的动力学曲线

以通入样品免疫反应 350 s 时的相对响应值为纵坐标,样品中抗体浓度的对数为横坐标,绘制 ZEN 抑制免疫检测的标准曲线如图 5 - 37 所示,标准曲线方程为 $f(x) = -0.001\ 0x^3 + 0.005\ 9x^2 - 0.028\ 7x - 0.220\ 8$,$R^2 = 0.989\ 6$,RMSE=0.005 8。对每一个浓度进行反复测试(5 次)的标准差小于 8%,检出限小于 2 μg/mL(通过计算 5 组标准曲线零浓度点 SPR 响应值的平均值和标准差,以平均值减去 3 倍标准差所得的响应值从标准曲线中找到对应浓度即为检出限),低于美国商用 SPRimager© Ⅱ 芯片分析系统的检出限

8.2 $\mu g/mL$，略高于 ELISA 的检出限 1 ng/mL。生物芯片制备完成后，完成单一样品的检测耗时仅需约 6 min，在实际应用过程中，根据单次测量的 SPR 响应值，由标准曲线检出限可得到 ZEN 毒素的浓度。相比于 ELISA 等传统检测法，设备简单、成本低、特异性高，样品无须标记、非破坏性、无环境污染与快速定量是其最大的优势，可满足现场快速检测的需求。因此，该方法有望用于食品质量监控和现场实时检测。

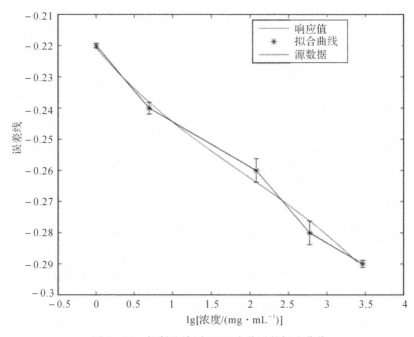

图 5-37　抑制法检测 ZEN 小分子的标准曲线

　　免疫反应检测时间应根据抗原-抗体响应值的大小，结合实际检测要求进行设定。免疫反应时间越长，反应越充分，可降低检测限。ZEN 抗原-抗体的反应在 350 s 内没有达到饱和状态，如果延长反应时间，可降低检出限。本书采用的抗体工作浓度是 5 $\mu g/mL$，如果降低抗体工作浓度，也可以降低 ZEN 毒素小分子样品的检出限。

　　取有代表性的玉米样品，研磨成颗粒，称取 5 g 磨碎的试样，在试样中加入提取液乙腈：水溶液（体积比为 9∶1）20 mL，高速搅拌提取 2 min。吸取 10 μL 提取液用氮气吹干，加入 40 μL PBS 混匀，室温 10 000 r/min 离心 10 min，取全部上清液用于 SPR 检测。由 SPR 生物芯片检测玉米提取物，样品中 ZEN 浓度为 2.75 μg/mL,抑制法工作抗体浓度为 5 μg/mL,检测玉米中提取 ZEN 样品的 SPR 响应值(免疫反应约 350 s 时 SPR 角相对于基线的变化量)为 0.11 RU(检测 3 次的平均值),空白对照的响应值为 0.13(检测 3 次的平均值)。可见,含有 ZEN 的样品与对照组 SPR 响应值有明显区别,SPR 生物芯片能够在实际检测中应用。

5.5　本 章 小 节

用本书自行研制的便携式 SPR 生物传感器,进行了瘦肉精 CLB、MC、蝇毒磷、ZEN 等食品中有毒害物质的检测研究,进一步验证了系统的可行性。成功实现了各类样品生物芯片的制备,建立了 SPR 生物芯片的连续检测法、快速检测法、直接检测法和抑制检测法。连续检测法是连续检测多个样品后再对生物芯片表面通入再生液,实现芯片再生,从而简化检测过程,延长芯片的使用寿命。快速检测法是通过动态设置检测参数,在免疫反应阶段提高单次检测速度,获取更多数据,提高灵敏度。为筛选抗体、研究抗体的亲和力和动力学反应过程提出直接检测法,在生物芯片表面受体,检测样品中的抗体,研究免疫反应的动力学过程。针对小分子物质的痕量检测,提出了抑制式表面等离子体共振检测法,可放大响应值,降低检出限。上述方法的检测效果良好,灵敏度虽不及 ELISA 方法高,但设备便携,实验操作简单,对环境无污染,适合商场、码头、集市中大量样品的现场检测。

第6章 便携式 SPR 生物传感器在 医药检测中的应用

近年来,新的医药分析检测技术层出不穷,SPR 生物传感技术作为其中一员,凭借着其突出的准确性、稳定性和高重复性,对于促进医药检测分析行业发展所起的作用越来越明显。本章将详细阐述便携式 SPR 生物传感器在医药检测领域的应用探索,并进一步验证本书自行研制的便携式 SPR 生物传感器的适用性。

6.1 SPR 检测虾血蓝蛋白的应用研究

全世界有 30%～40%的人患有各种各样的过敏疾病。过敏反应是机体受同一抗原再次刺激后,表现为组织损伤或生理功能紊乱的特异性免疫反应,临床表现包括荨麻疹、疱疹样皮炎、口腔过敏综合征、肠病综合征、哮喘及过敏性鼻炎等,甚至会引起过敏性休克,严重影响患者的生活质量。虾及其制品味道鲜美,营养丰富,但具有较高的致敏性,是联合国粮食及农业组织(FAO)公布的八大类过敏食物之一。过敏病人中约有 20%对虾过敏,小儿发病率高达60%,严重影响人们的生活质量。虾在我国分布广泛,产量丰富,随着水产品贸易的全球化,水产品的过敏源问题受到广泛关注,美国食品药品管理局(FDA)、欧洲食品安全局(EFSA)都先后针对食品中的过敏源成分制定了相应的法规,我国对这方面的相关法规和检测还很欠缺。西方国家对进口食品过敏源标签的要求越来越严格,食品中过敏源的检测已成为新的食品国际贸易技术壁垒。因此,虾过敏源的检测、过敏反应的研究、抗过敏药物的研制是急需研究的课题。研究我国具有自主知识产权,能特异、灵敏、快捷地对食品中虾过敏源现场检测、在临床上检测血清中虾过敏源的方法意义重大。

目前,过敏源的检测主要用酶联免疫吸附测定法(ELISA),该方法检测限低,但是检测过程复杂,使用的荧光标记物污染环境,仪器价格昂贵,在实际应用中受到限制。SPR 生物芯片不需要标记,可对分子间的相互作用进行实时检测,已被广泛用于药物分析、食品分析、环境监测等许多领域。本书采用自主开发的便携式强度型 SPR 生物传感检测器,利用免疫反应的特异性,研究虾血蓝蛋白与血蓝蛋白的单克隆抗体的相互作用,分析动力学反应过程,建立标准曲线,为过敏源临床检测进行基础研究。与 ELISA 方法相比,本书中的仪器便携,操作简便,无须标记,非破坏性,成本低,可进行现场大量样品的实时连续检测和快速筛选,适用于商场、码头、集市等需要实时检测的场所,进行质量监控,也可以应用于临床上患者血清样品的过敏源检测。

6.1.1　制备虾血蓝蛋白检测芯片

用 1 mmol/L 的 $HS(CH_2)_{10}COOH$(巯基十一酸)和 $HS(CH_2)_6OH$(巯基己酸)的乙醇溶液(质量比为 1∶9),对金膜表面进行化学修饰 2 h,然后通入 PBS 冲洗。基线稳定后,加入 0.1 mol/L 的 NHS 和 0.1 mol/L 的 EDC 混合液(体积比为 1∶1),活化芯片表面 15 min,之后用 PBS 冲洗 2 min,这时的基线比活化前略有升高。然后进行生物探针的固定。在生物芯片表面分别固定虾血蓝蛋白和虾血蓝蛋白的单克隆抗体腹水,作为生物探针,此时 SPR 响应值明显升高,30 min 后通入 PBS 冲洗 2 min,响应值只有小幅下降,说明探针固定效果较好。加入 1 mol/L 的乙醇胺(pH=8.5)封闭灭活剩余的酯键,5～7 min,PBS 冲洗后,生物芯片制备完成,可用于下一步的免疫检测。过敏源免疫反应检测过程如图 6-1 所示。

6.1.2　固定过敏源,检测纯化抗体

过敏源是虾血蓝蛋白,稀释 20 倍,固定在生物芯片表面,检测对象是腹水纯化出来的抗体,分别稀释 300 倍、200 倍、150 倍、75 倍、50 倍。图 6-2 是固定过敏源检测纯化抗体的动力学曲线。每个样品检测时间是 330 s,SPR 响应值随时间增加,动力学曲线仍处于上升阶段,检测时间约 10 min,曲线不再上升,达到饱和。虾血蓝蛋白与抗体结合能力较强。随样品中抗体浓度的增大,相同反应时间,SPR 响应值明显升高。图 6-3 是固定虾血蓝蛋白的生物芯片检测腹水中纯化的抗体的标准曲线,随稀释倍数的增大,SPR 响应值下降,呈倒"S"形。该方法适合过敏源抗体筛选、患者血清样品的过敏源检测。

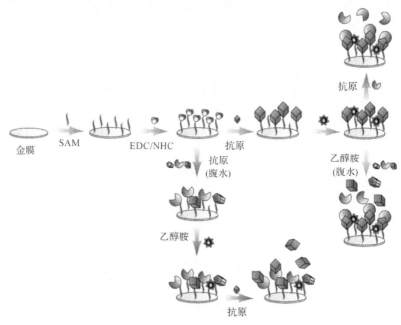

图 6-1 过敏源免疫检测示意图

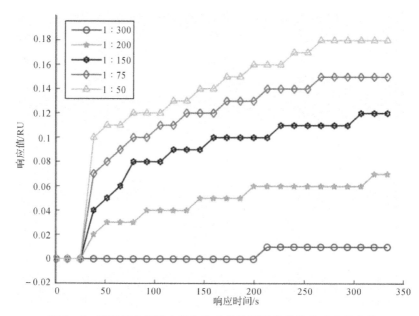

图 6-2 固定虾血蓝蛋白的生物芯片检测纯化抗体的动力学曲线

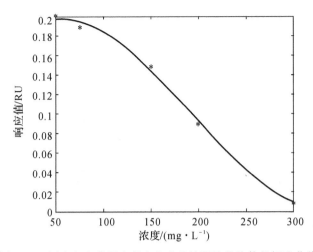

图 6-3　固定虾血蓝蛋白的生物芯片检测纯化抗体的标准曲线

6.1.3　重复检测测试

SPR 生物芯片可以连续检测多个样品。在生物芯片表面固定稀释 20 倍的虾血蓝蛋白,连续检测了 8 个纯化的过敏源抗体样品和 7 个未纯化的腹水样品,效果良好。预计至少可以连续检测 80 个样品,之后检测灵敏度会降低,芯片需再生。图 6-4 记录的是生物芯片制备和连续检测的动力学曲线。

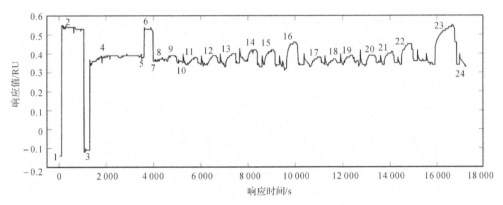

图 6-4　同一芯片多次检测的动力学曲线

1.固定抗原,检测纯化抗体

如图 6-4 所示:阶段 1 是 PBS 基线;阶段 2 是活化;阶段 3 是进行 PBS 冲洗,这时 SPR 响应值略有上升;阶段 4 是抗原固定;阶段 5 是进行 PBS 冲洗,冲洗后 SPR 响应值略有下降,与阶段 3 相比升幅较大,这说明生物芯片表面的探针固定效果很好,固定率高,虾血蓝蛋白与芯片的结合能力强;阶段 6 是封闭;阶段 7 为进行 PBS 冲洗,每次免疫反应完成和洗脱液(SDS－HCL)反应完成后,都通入 PBS 冲洗,图中未做标示;8、9、11、12、13、14、15、16 分别为稀释 1 500 倍、1 000 倍、500 倍、400 倍、200 倍、100 倍、50 倍、10 倍的纯化抗体。SDS－HCL 可以使抗原-抗体结合物解离,每个样品检测完都通入 SDS－HCL 清洗,例如阶段 10、24,其他阶段未标出。每次免疫反应完成、洗脱(注入 SDS－HCL)完成后,都通入 PBS 冲洗,图中未做标示。图 6－5 是固定虾血蓝蛋白的生物芯片检测纯化抗体的动力学曲线,4 条曲线分别记录了稀释 10 倍、100 倍、500 倍、1 500 倍抗体的免疫反应。随着样品稀释倍数的增加,SPR 响应值下降。稀释 1 500 倍的样品,能检测到明显的免疫反应,如果延长反应时间,可以检测更低浓度的样品。

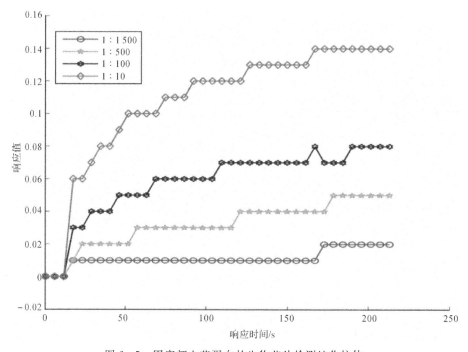

图 6－5　固定虾血蓝蛋白的生物芯片检测纯化抗体

2.固定抗原,检测腹水抗体

图 6－4 中后半段是为同一芯片连续检测未纯化的抗体腹水,阶段 17～

23 分别记录了稀释 150 倍、100 倍、80 倍、50 倍、40 倍、20 倍、10 倍的腹水抗体的免疫反应。选取稀释 10 倍、50 倍、100 倍、150 的样品,动力学曲线如图 6-6 所示。稀释倍数增加,SPR 响应值降低。该方法可直接用于临床过敏源的检测,每个样品检测时间为 3～4 min。

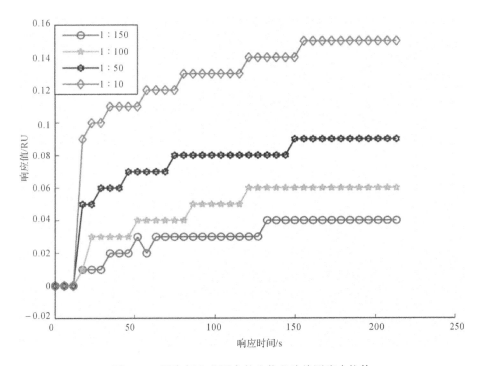

图 6-6　固定虾血蓝蛋白的生物芯片检测腹水抗体

6.1.4　固定抗体腹水,检测抗原

为进行食品中过敏源的检测与安全评价,本书在生物芯片表面固定未纯化的稀释 100 倍的抗体腹水,作为生物探针,检测抗原-虾血蓝蛋白,抗原分别稀释 10 倍、50 倍、100 倍,检测时间为 3～5 min。如图 6-7 所示,3 种浓度的样品检测 3 min 时的 SPR 共振曲线,随样品浓度升高,SPR 角增大,共振曲线右移。该方法使用未纯化抗体,不需要标记,降低了成本,简化操作步骤,缩短检测时间,可用于大量样品的现场检测。

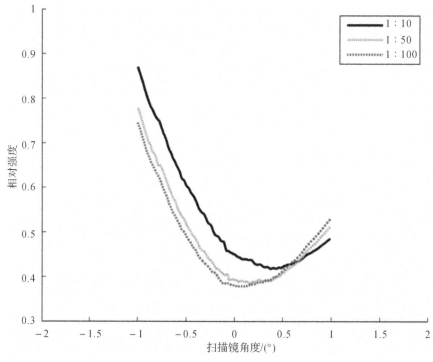

图 6-7   未纯化抗体作为探针检测虾血蓝蛋白

6.1.5   虾血蓝蛋白检测方法的分析

过敏源又称为变应原,是能诱导Ⅰ型超敏反应的抗原;过敏反应,又称变态反应,是异常、有害、病理性的免疫反应。虾过敏属于Ⅰ型过敏反应,其机理是过敏源进入机体后,诱发能合成 IgE(免疫球蛋白 E)的 B 细胞产生特异性IgE,IgE 与肥大细胞、嗜碱性颗粒细胞结合成为致敏靶细胞。IgE 一旦与靶细胞结合,机体就会呈现致敏状态。当机体再次接触同样的过敏源刺激时,再次进入的相同过敏源与已经结合的靶细胞上的 IgE 结合发生特异性反应,引起水肿、哮喘、荨麻疹、腹泻等过敏症状,伴随着患者血清 IgE 水平升高。目前国内对过敏性疾病的实验诊断,主要采用过敏源检测和特异性 IgE、IgG 检测法,检测试剂主要依赖进口,检测费用较高。SPR 生物芯片检测过敏源及单抗,为直接法检测,灵敏度虽不及间接 ELISA 方法高,但设备便携,实验操作简单,检测时间短,不需标记,不使用二抗,对环境无污染,适合商场、码头、集市中大量样品的现场检测。本书使用的虾血蓝蛋白和单抗,间接 ELISA 试验抗原包被浓度为 100 μg/mL,相对强度值为 1 时抗体的浓度为 46.2 ng/mL(由暨南大学分子免疫学与抗体工程研究中心提供)。生物芯片方法为我国食品安全领域过敏源的检测、临床诊断、虾过敏源疫苗设计和制定我国食品过敏源标签管理奠定了一定的技术基础。

6.2　SPR 检测垂体腺苷酸环化酶激活肽的应用研究

垂体腺苷酸环化酶激活肽(Pituitary Adenylate Cyclase - Activating Polypeptide,PACAP)最初是从羊下丘脑中分离出来的一种能够激活培养的大鼠垂体细胞腺苷酸环化酶活性的神经肽,具有 PACAP - 38 和 PACAP - 27 两种活性形式。在不同组织或系统中,PACAP 可以发挥神经递质/调质、神经营养因子和免疫系统调节等生物学功能。例如,在胚胎发育早期或在成熟的大脑中,PACAP 通过垂体腺苷酸环化酶激活肽 1 型(Pituitary Adenylate Cyclase - Activating Polypeptide Receptor 1,PAC1)受体,可减少或降低对神经元的损伤,促进神经元的存活,发挥其对神经元的营养或保护作用。PACAP 调节脂多糖(Lipopolysaccharide,LPS)激活的树突状细胞(Den - Dritic Cell,DC)免疫功能可改善感染性疾病和风湿病等的发生和发展,从而起到治疗作用。因此,对样品中 PACAP 含量的检测及 PACAP 与其受体的免疫反应进行研究将有助于发挥其在制药业、临床治疗等行业中的重要作用。传统的 PACAP 检测研究方法有放射免疫分析法(Radioimmunoassay,RIA)、间接免疫荧光抗体染色法(Indirect Immunofluorescent Antibody Method,IFA)、酶联免疫技术(Enzyme Linked Immunosorbent Assay,ELISA)等,这些方法的检测限虽低,但仪器价格昂贵、检测周期长、操作复杂,更主要的是样品通常需要标记,可能会破坏样品的生物活性,而且荧光标记物还会污染环境,因此,建立免标记、快速、简便、低成本的 PACAP 检测研究方法十分有必要。

本书采用自主开发的便携式强度型 SPR 生物传感器,利用免疫反应的特异性,研究 PACAP 的定量检测方法,分析 PACAP 与 PAC1 受体的动力学反应过程。与传统的 PACAP 检测研究方法相比,本书的检测研究方法无须标记、仪器便携、操作简便、实时快速、使用成本低。该方法有望用于与 PACAP 相关的临床治疗及基础制药等领域。

6.2.1　生物芯片制备

图 6-8 是用 SPR 生物传感技术对 PACAP 进行免疫检测的过程示意，包括生物芯片修饰、芯片活化、生物探针固定、灭活和抗原与抗体免疫反应。其中修饰、活化、固定和灭活等过程为生物芯片的制备过程。具体操作方法为：选用直径 20 mm、厚度 1 mm 的圆形玻璃片为生物传感芯片的基底，上面沉积 50 nm 的金膜，然后通过自组装单层分子膜（Self - Assembled Monolayer，SAM）技术对金膜进行修饰，即用 1 mmol/L 的 $HS(CH_2)_{10}COOH$（巯基十一酸）和 $HS(CH_2)_6OH$（巯基己酸）的乙醇溶液（质量比为 1∶9），对金膜表面进行自组装修饰 2～2.5 h，修饰液中的巯基与金键合，形成羧基；香柏油的折射率（折射率为 1.51～1.52）与实验所用柱面棱镜（K9 玻璃）相近，由香柏油作为耦合剂，将镀有金膜的传感芯片安放到 SPR 仪的柱面棱镜上；安装流通系统，通入 PBS 冲洗，设置 SPR 扫描参数为扫描起点－1°，扫描范围 2°，扫描步长 0.01°，减小扫描步长可进一步提高系统分辨率，但会增加单次扫描的时间，减少测量的数据点，因此应根据实际需要设置扫描参数；向芯片表面泵入 PBS（2 mmol/L NaH_2PO_4，2 mmol/L Na_2HPO_4，150 mmol/L NaCl，pH＝7.4）冲洗，开始记录 SPR 响应值，以此时 PBS 的 SPR 角作为基准（见图 6-9 中阶段 1，其中：纵轴为时间；横轴为 SPR 角的变化）；基线稳定后加入 0.1 mol/L 的 NHS 和 0.1 mol/L 的 EDC 混合液（体积比为 1∶1），活化芯片表面约 20 min，将芯片表面的羧基活化成活泼酯，这时的 SPR 响应值升高（见图 6-9 中阶段 2）；用 PBS 冲洗 2 min 后（见图 6-9 中阶段 3），在生物芯片表面固定浓度为 300 mg/L 的细胞膜上受体（PAC1R）作为生物探针，此时 SPR 响应值明显升高（见 6-9 中阶段 4），约 40 min 后通入 PBS 冲洗 2 min，响应值只有小幅下降（见图 6-9 中阶段 5），这说明探针固定效果较好；加入 1 mol/L 的乙醇胺（pH＝8.5）封闭灭活剩余的酯键（见图 6-9 中阶段 6），5～7 min，PBS 冲洗后，生物芯片制备完成。

生物芯片制备的关键是自组装，如果自组装效果不好，生物探针不能稳定地或极少地固定在生物芯片表面，PBS 冲洗后极易解离，SPR 响应值明显下降，接近固定前的基线（见图 6-10 中阶段 5），即固定的生物探针数量少，将降低检测灵敏度，甚至无法进行检测。因此，通过实时监测生物芯片制备过程的 SPR 响应值，即可初步判断生物芯片制备是否成功。当然，活化、固定及灭活各环节均会影响芯片的制备质量，如浓度的选取、过程时间等均经过反复多次测试，才最终确定最优实验条件。

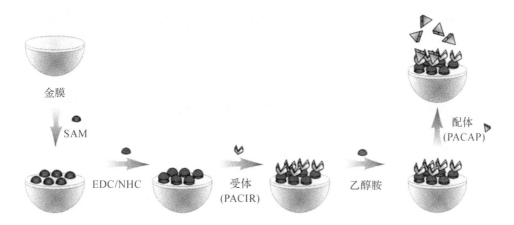

图 6-8　SPR 生物传感技术检测 PACAP 的过程示意图

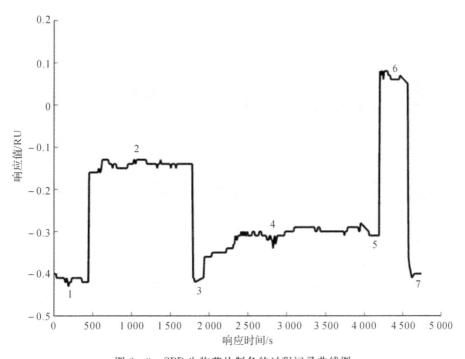

图 6-9　SPR 生物芯片制备的过程记录曲线图

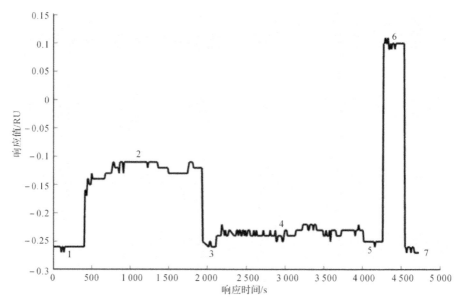

图 6-10　SPR 生物芯片制备失败的过程记录曲线图

6.2.2　直接法检测 PACAP

将浓度为 300 mg/L 的细胞膜上受体（PAC1R）固定在生物芯片表面,检测对象是垂体腺苷酸环化酶激活肽（PACAP-38 的改构型,标为 PN37R）,其浓度分别为 0.1 mg/L、0.2 mg/L、0.3 mg/L、0.4 mg/L、0.5 mg/L、1 mg/L、2 mg/L、5 mg/L、8 mg/L 和 10 mg/L。浓度为 0.1~0.4 mg/L 的 PN37R 因浓度低,无法有效监测到其与 PAC1R 免疫反应结合过程,其中 0.4 mg/L 的 PN37R 与 PAC1R 免疫反应结合过程如图 6-11 中阶段 1 所示,可见 PN37R 的注入并未引起 SPR 响应值的增加。

图 6-11 中阶段 1、3、5、7、9、11 和 13 记录了浓度为 0.4 mg/L、0.5 mg/L、1 mg/L、2 mg/L、5 mg/L、8 mg/L 和 10 mg/L 的 PN37R 样品分别与 PAC1R 免疫反应结合的动态检测曲线,每个样品检测约 200 s,此时免疫结合基本趋于饱和。每个样品检测完后先用 PBS 冲洗,然后通入 SDS-HCl 使抗原-抗体结合物从芯片表面解离,实现芯片再生,SPR 响应值降回基线可继续检测下一个样品。图 6-11 中阶段 2、4、6、8、10、12 和 14 为再生过程的记录。

图 6-12 是 0.5 mg/L、1 mg/L、2 mg/L、5 mg/L、8 mg/L 和 10 mg/L 的

PN37R 样品依次泵入芯片表面时,记录首次 SPR 扫描过程得到的共振曲线
(扫描范围为 2°),可见随着样品浓度的增大,生物芯片表面的抗原-抗体结合
物质量增加,SPR 角增大,SPR 响应值增大。

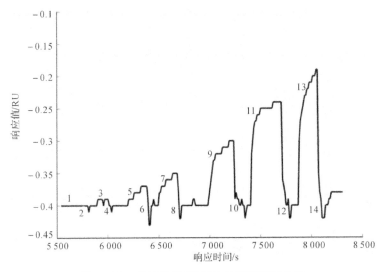

图 6-11　直接检测 PN37R 的过程记录曲线

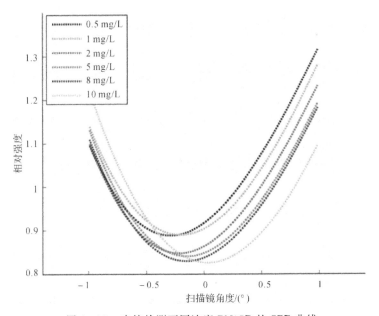

图 6-12　直接检测不同浓度 PN37R 的 SPR 曲线

如图 6 - 13 所示,为了便于分析和比对,将 PN37R 与 PAC1R 免疫反应过程的动力学曲线重新绘制。由图 6 - 13 可见,不同浓度 PN37R 与 PAC1R 的免疫反应速度都为先快后慢,逐渐趋于饱和,反应过程呈近似对数关系,符合免疫反应规律。且随着样品中 PN37R 浓度升高,免疫反应速度增快。每个样品检测约 200 s,随着免疫反应的进行,生物芯片表面抗原-抗体结合物增多,SPR 响应值增大。本组实验若延长反应时间,曲线将趋于平缓,免疫反应饱和的趋势会更明显。免疫反应检测时间应根据抗原-抗体响应值的大小,结合实际检测要求进行设定。免疫反应时间越长,反应越充分,理论上可降低检测限。

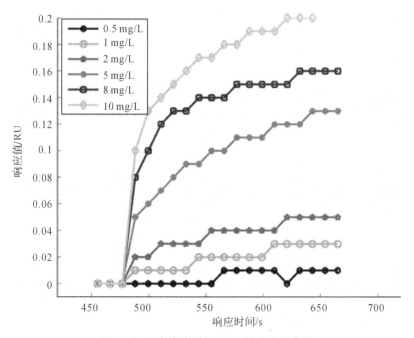

图 6 - 13 直接检测 PN37R 的动力学曲线

图 6 - 14 是直接检测 PN37R 的标准曲线,室温(20±1)℃,以通入样品免疫反应 200 s 时的相对响应值为纵坐标,样品中抗体的浓度为横坐标,可见 0.5~10 mg/L 浓度的样品 SPR 响应值与浓度基本呈线性关系,标准曲线方程为 $f(x) = 0.020\ 1x - 0.392\ 2$,$R^2 = 0.991$。由未知浓度的待测样品 SPR 响应值,查询标准曲线,可得出样品中 PN37R 的浓度。该方法适用于 PACAP 抗体筛选、研究抗体亲和力和免疫反应动力学。直接检测 PN37R 检测限可

达 0.5 mg/L。

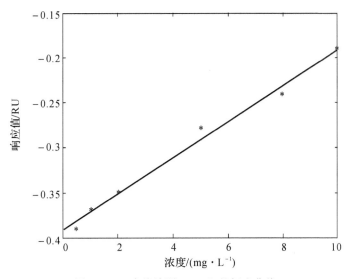

图 6 - 14   直接检测 PN37R 的标准曲线

将 PN37R 标准品用 PBS 稀释，调配浓度分别为 3 mg/L、4 mg/L 和 6 mg/L 的溶液作为测试样品，其调配浓度记为真实值。将待测样品通入流通池，与表面等离子体共振生物芯片上的探针（PAC1R）发生免疫反应，对芯片反应区进行表面 SPR 扫描，获得测试样品的免疫反应曲线，结合图 6 - 14 的标准曲线，计算样品的浓度，作为检测值，将检测值与真实值进行对比，详细数据如表 6 - 1 所示，检测值与真实值的绝对偏差与相对偏差值均较低，说明 SPR 生物芯片检测系统可对 PN37R 进行有效的定量检测，实验方法可行。

表 6 - 1   检测 PN37R 浓度的结果分析

调配浓度 mg · L⁻¹	第一次检测浓度值 mg · L⁻¹	第二次检测浓度值 mg · L⁻¹	第三次检测浓度值 mg · L⁻¹	检测浓度平均值 mg · L⁻¹	绝对偏差 mg · L⁻¹	相对偏差 mg · L⁻¹	标准偏差 mg · L⁻¹
3	2.92	2.95	2.93	2.93	0.070	0.023	0.015
4	3.98	3.99	4.01	3.99	0.010	0.002	0.015
6	6.01	6.01	6.02	6.01	0.010	0.001	0.006

6.2.3 动力学分析

直接检测法检测 PACAP,可进一步计算动力学特征性参数 k_a 和 k_d,为揭示抗原抗体动力学规律提供信息。为充分验证建立的 SPR 系统及动力学参数计算方法的可靠性,用与上述 PN37R 直接检测相同的方法和条件,分别检测 PAC1R 与 PACAP-38、PK38W 的免疫反应过程,记录动力学曲线,重新绘制结果如图 6-15 和图 6-16 所示,然后计算 PAC1R 与 PN37R、PACAP-38 及 PK38W 免疫反应的动力学参数。

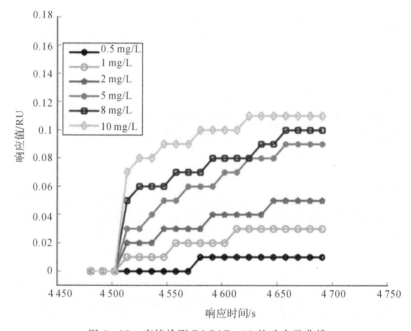

图 6-15　直接检测 PACAP-38 的动力学曲线

动力学常数 k_a 和 k_d 的计算求解过程为:

(1)首先将响应信号 R(SPR 角)对时间求导,然后以 dR/dt-R 作图可得一条直线,其斜率为 $-(k_aC_A+k_d)$[设 $k_s=-(k_aC_A+k_d)$]。

(2)以 k_s-C_A 作图同样可以得到一条直线,其斜率即为 k_a,截距即为 k_d。

根据上述数学模型,首先找出动力学曲线斜率变化最大的部分对应的响应值 R(取结合段前 100 s 的数据),利用微分函数求出 dR/dt。然后用 dR/dt 对 R 作线性拟合绘图,求出斜率。再用该斜率与对应的抗体(抗原)的浓度作线性拟合绘图,求出斜率和截距即为 k_a 和 k_d。PAC1R 与 PN37R、

PACAP - 38 及 PK38W 免疫反应的动力学参数计算结果如表 6 - 2 所示。

表 6 - 2　动力学参数计算结果

动力学参数	PN37R	PACAP - 38	PK38W
k_a	3.01×10^7 mol · L^{-1} · s^{-1}	1.47×10^7 mol · L^{-1} · s^{-1}	4.34×10^7 mol · L^{-1} · s^{-1}
k_d	1.09×10^{-2} s^{-1}	5.32×10^{-3} s^{-1}	1.65×10^{-2} s^{-1}

由表 6 - 2 可见,PACAP - 38、PK38W、PN37R 与 PAC1R 的免疫反应动力学参数数量级基本一致,因三者相对分子质量存在差异,引起结合速率常数和解离速率常数的具体数值稍有差异,PK38W 与 PN37R 的相对分子质量比PACAP - 38 的约大 300,这两者的结合速率常数和解离速率常数要比PACAP - 38 的稍大。

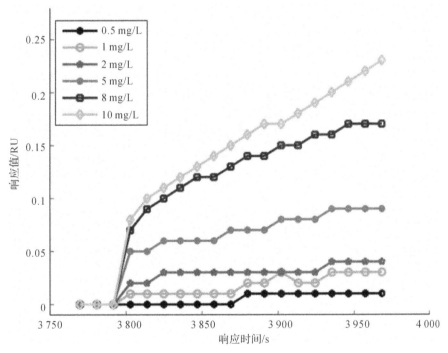

图 6 - 16　直接检测 PK38W 的动力学曲线

与传统生化分析方法相比,SPR 生物芯片检测研究 PACAP 具有免标记、样品处理简单、可快速给出定量结果、可实时检测及研究反应动力学等一系列优点。该装置和方法适用于大量样品中 PACAP 的检测、PACAP 及其 PCA1 受体亲和力的基础研究等。

6.3 本章小节

用本书自行研制的便携式 SPR 生物传感器,进行了虾血蓝蛋白、垂体腺苷酸环化酶激活肽(PACAP)等医药样品的检测研究,进一步验证了系统的适用性。成功实现了虾血蓝蛋白的检测,包括:固定过敏源,检测纯化抗体;固定抗体腹水,检测抗原;同一芯片,重复检测多个样品;等等。SPR 生物芯片检测过敏源及单抗,为直接法检测,灵敏度虽不及间接 ELISA 方法高,但设备便携,实验操作简单,对环境无污染,适合商场、码头、集市中大量样品的现场检测。进行了 PACAP 浓度含量的定量检测实验,直接检测改构型 PACAP - 38 (PN37R)的检测限可达 0.5 mg/L;研究了 PACAP - 38、PK38W、PN37R 与 PAC1R 的动力学反应过程,分别计算了配体与受体免疫反应的结合速率常数和解离速率常数。与传统生化分析方法相比,SPR 生物芯片检测研究 PACAP 具有免标记、样品处理简单、可快速给出定量结果、可实时检测及研究反应动力学等一系列优点,适用于大量样品中 PACAP 的检测、PACAP 及其 PCA1 受体亲和力的基础研究等。

参 考 文 献

[1] SCHASFOORT R B M，TUDOS A J. Handbook of surface plasmon resonance[M]. London：Royal Society of Chemistry，2008.

[2] HOMOLA J. Surface plasmon resonance sensors for detection of chemical and biological species[J]. Chemical Reviews，2008，108(2)：462－493.

[3] LIS P，ZHONG J G. Simultaneous amplitude－contrast and phase－contrast surface plasmon resonance imaging by use of digital holography[J]. Biomedical Optics Express，2012，3(12)：3190－3202.

[4] SUN Y，CAI H Y，WANG X P. Theoretical analysis of metamaterial-gold auxiliary grating sensing structure for surface plasmon resonance sensing application based on polarization control method[J]. Optics Communications，2017(405)：343－349.

[5] ZHANG J W，DAI S Q，ZHONG J Z，et al. Wavelength－multiplexing surface plasmon holographic microscopy[J]. Optics Express，2018，26(10)：13549－13560.

[6] 刘景海. 基于表面等离子体共振技术的传感器研究[D]. 北京：北京理工大学，2016.

[7] 耿小猛. 基于波长与角度共调制 SPR 传感技术的研究[D]. 深圳：深圳大学，2015.

[8] BO F，ZHANG T M X，HE S M，et al. Chirality parameter sensing based on surface plasmon resonance D－type photonic crystal fiber sensors[J]. Applied Optics，2021，60(12)：3314－3321.

[9]　KAPOOR V, SHARMA N K. Preparation and characterization of a silver – magnesium fluoride bi – layers based fiber optic surface plasmon resonance sensor [J]. Instrumentation Science and Technology, 2021,49(4):1 – 8.

[10]　WEI W, NONG J P, ZHANG G W, et al. Graphene – based long – period fiber grating surface plasmon resonance sensor for high – sensitivity gas sensing[J]. Sensors, 2017, 17(1):2.

[11]　ESPIRITU R A, MATSUMORI N, MURATA M, et al. Interaction between the marine sponge cyclic peptide theonellamide A and sterols in lipid bilayers as viewed by surface plasmon resonance and solid – state 2h nuclear magnetic resonance[J]. Biochemistry, 2013, 52 (14): 2410 – 2418.

[12]　BIJALWAN A, RASTOGI V. Sensitivity enhancement of a conventional gold grating assisted surface plasmon resonance sensor by using a bimetallic configuration[J]. Applied Optics, 2017, 56 (35): 9606 – 9612.

[13]　QI P, ZHOU B W, ZHANG Z B, et al. Phase – sensitivity – doubled surface plasmon resonance sensing via self – mixing interference[J]. Optics Letters, 2018, 43(16):4001 – 4004.

[14]　DHIBI A, HAKAMI J, ABASSI A. Performance analysis of surface plasmon resonance sensors using bimetallic alloy – perovskite – bimetallic alloy and perovskite – bimetallic alloy – perovskite nanostructures[J]. Physica Scripta, 2021, 96(6):065505.

[15]　WANG X, WANG C, SUN X Q, et al. Locally excited surface plasmon resonance for refractive index sensing with high sensitivity and high resolution[J]. Optics Letters, 2021, 46(15):3625 – 3628.

[16]　GUSTAVSSON E, BJURLING P, STERNESJO A. Biosensor analysis of penicillin G in milk based on the inhibition of carboxypeptidase activity[J]. Analytica Chimica Acta, 2002, 468

(1):153 – 159.

[17] GUSTAVSSON E, DEGELEAN J, BJURLING P, et al. Determination of β – lactams in milk using a surface plasmon resonance – based biosensor[J]. Journal of Agricultural and Food Chemistry, 2004, 52(10):2791 – 2796.

[18] OKUMURA A, SATO Y, KYO M, et al. Point mutation detection with the sandwich method employing hydrogel nanospheres by the surface plasmon resonance imaging technique [J]. Analytical Biochemistry, 2005(339):328 – 337.

[19] KIM M G, SHIN Y B, JUNG J M, et al. Enhanced sensitivity of surface plasmon resonance (SPR) immunoassays using a peroxidase – catalyzed precipitation reaction and its application to a protein microarray[J]. Journal of Immunological Methods, 2005 (297): 125 –132.

[20] GOBI K V, TANAKA H, SHOYAMA Y, et al. Continuous flow immunosensor for highly selective and real – time detection of sub – ppb levels of 2 – hydroxybiphenyl by using surface plasmon resonance imaging[J]. Biosensors and Bioelectronics, 2004(20): 350 – 357.

[21] KRAVETS V G, SCHEDIN F, JALIL R, et al. Singular phase nano – optics in plasmonic metamaterials for label – free single – molecule detection[J]. Nature Materials, 2013(12):304 – 309.

[22] BARNES W L, DEREUX A, EBBESEN T W. Surface plasmon subwavelength opties[J]. Nature, 2003(424):824 – 830.

[23] LIANG J W, ZHANG W, QIN Y, et al. Applying machine learning with localized surface plasmon resonance sensors to detect SARS – CoV – 2 particles[J]. Biosensors, 2022, 12(3):173.

[24] WILLETS K A, VANDUYNE R P. Localized surface Plasmon resonace spectroscopy and sensing [J]. Annual Review Physical Chemistry, 2007(58):267 – 297.

[25] ZARGAR B, HATAMIE A. Localized surface plasmon resonance of gold nanoparticles as colorimetric probes for determination of Isoniazid in pharmacological formulation[J]. Spectrochimica Acta A, 2013(106): 185 – 189.

[26] STEINER G. Surface plasmon resonance imaging[J]. Analytical and Bioanalytical Chemistry, 2004, 379:328 – 331.

[27] PILIARIK M, VAISOCHEROVÁH, HOMOLA J. A new surface plasmon resonance sensor for high – throughput screening applications [J]. Biosensors and Bioelectronics, 2005 (20): 2104 –2110.

[28] BEHROUZI K, LIN L. Gold Nanoparticle based plasmonic sensing for the detection of SARS – CoV – 2 nucleocapsid proteins [J]. Biosens Bioelectron, 2022(195):113669.

[29] FISCHER B, HEM S P, EGGER M, et al. Antigen binding to a pattern of lipid – anchored antibody binding sites measured by surface plasmon microscopy [J]. Langmuir, 1993(9):136 – 140.

[30] KANDA V, KARIUKI J K, HARRISON D J, et al. Label – free reading of microarray – based immunoassays with surface plasmon resonance imaging [J]. Analytical Chemistry, 2004, 76 (24): 7257 –7262.

[31] YUK J S, HONG D G, JUNG H I, et al. Application of spectral SPR imaging for the surface analysis of C – reactive protein binding [J]. Sensors and Actuators B, 2006(119):673 – 675.

[32] UNFRICHT D W, COLPITTS S L, FERNANDEZ S M, et al. Grating – coupled surface plasmon resonance: a cell and protein microarray platform[J]. Proteomics, 2005(5):4432 – 4442.

[33] LIU Y B, ZHAI T T, LIANG Y Y, et al. Gold core – satellite nanostructure linked by oligonucleotides for detection of glutathione with LSPR scattering spectrum[J]. Talanta, 2018(193):123 – 127.

[34] CHINOWSKY T M, QUINN J G, BARTHOLOMEW D U, et al. Performance of the spreeta 2000 integrated surface plasmon resonance affinity ysensor[J]. Sensors and Actuators B, 2003, 91(1/2/3): 266 –274.

[35] CHINOWSKY T M, GROW M S, JOHNSTON K S, et al. Compact, high performance surface plasmon resonance imaging system [J]. Biosensors and Bioelectronics, 2007, 22 (9/10): 2208 –2215.

[36] HOMOLA J, LU H B, YEE S S. Dual – channel surface plasmon resonance sensor with spectral discrimination of sensing channels using dielectric overlayer[J]. Electronics Letters, 1999, 35(13): 1105 –1106.

[37] NELSON B P, GRIMSRUD T E, LILES M R, et al. Surface plasmon resonance imaging measurements of DNA and RNA hybridization adsorption onto DNA microarrays [J]. Analytical Chemistry, 2001, 73(1): 1 – 7.

[38] YUK J S, KIM H S, JUNG J W, et al. Analysis of protein interactions on protein arrays by a novel spectral surface plasmon resonance imaging[J]. Biosensors and Bioelectronics, 2006 (21): 1521 –1528.

[39] FURUKI M, KAMEOKA J, CRAIGHEAD H G, et al. Surface plasmon resonance sensors utilizing microfabricated channels [J]. Sensors and Actuators B, 2001(79): 63 – 69.

[40] YAMAUCHI F, KATO K, IWATA H. Micropatterned, self – assembled monolayers for fabrication of transfected cell microarrays [J]. Biochimica et Biophysica Acta, 2004(1672): 138 – 147.

[41] FU E, CHINOWSKY T, FOLEY J, et al. Characterization of a wavelength – tunable surface plasmon resonance microscope [J]. Review of Scientific Instruments, 2004, 75(7): 2300 – 2304.

[42] TARIQ S M, FAKHRI M A, SALIM E T, et al. Design of an unclad single – mode fiber – optic biosensor based on localized surface plasmon resonance by using COMSOL Multiphysics 5. 1 finite element method[J]. Applied Optics, 2022(21):6257 – 6267.

[43] 蒋雪松,王建平,应义斌,等. 用于食品安全检测的生物传感器的研究进展[J]. 农业工程学报, 2007, 23(5):272 – 275.

[44] YAKES B J, PAPAFRAGKOU E, CONRAD S M, et al. Surface plasmon resonance biosensor for detection of feline calicivirus, a surrogate for norovirus [J]. International Journal of Food Microbiology, 2013, 162(2): 152 – 158.

[45] KRETSCHMANN E, RAETHER H. Radiative decay of non radiative surface plasmons excited by light [J]. Zeitschrift Fuer Naturforschung, 1968(23): 2135 – 2136.

[46] ROTHENHÄUSLER B, KNOLL W. Surface – plasmon microscopy [J]. Nature, 1988(332): 615 – 617.

[47] LYON L A, HOLLIWAY W D, NATAN M J. An improved surface plasmon resonance imaging apparatus [J]. Review of Scientific Instruments, 1999, 70(4): 2076 – 2081.

[48] 颜朦朦,佘永新,洪思慧,等. 基于不同识别元件的表面等离子体共振技术在食品安全检测中的研究进展[J]. 食品科学, 2018, 39(23): 263 – 271.

[49] 徐厚祥,徐彬,熊吉川,等. 表面等离子体共振和局域表面等离子体共振技术在病毒检测领域的研究进展[J]. 中国激光, 2022, 49(15): 137 – 156.

[50] RELLA R, SPADAVECCHIA J, MANERA M G, et al. Liquid phase SPR imaging experiments for biosensors applications [J]. Biosensors and Bioelectronics, 2004(20): 1140 – 1148.

[51] SPADAVECCHIA J, MANERA M G, QUARANTA F, et al. Surface plamon resonance imaging of DNA based biosensors for

potential applications in food analysis [J]. Biosensors and Bioelectronics, 2005(21):894 – 900.

[52] MANNELLI I, COURTOIS V, LECARUYER P, et al. Surface plasmon resonance imaging (SPRI) system and real – time monitoring of DNA biochip for human genetic mutation diagnosis of DNA amplified samples[J]. Sensors and Actuators B, 2006, 119(2): 583 – 591.

[53] CHEN W Y, HU W P, SU Y D, et al. A multispot DNA chip fabricated with mixed ssDNA/oligo (ethylene glycol) self – assembled monolayers for detecting the effect of secondary structures on hybridization by SPR imaging[J]. Sensors and Actuators B, 2007 (125): 607 – 614.

[54] TOYAMA S, AOKI K, KATO S. SPR observation of adsorption and desorption of water – soluble polymers on an Au surface[J]. Sensors and Actuators B, 2005(108):903 – 909.

[55] PALUMBO M, PEARSON C, NAGEL J, et al. A single chip multi – channel surface plasmon resonance imaging system [J]. Sensors and Actuators B, 2003(90):264 – 270.

[56] CHAKMA S, KHALEK M A, PAUL B K, et al. Gold – coated photonic crystal fiber biosensor based on surface plasmon resonance: Design and analysis[J]. Sensing and Bio – Sensing Research, 2018 (18):7 – 12.

[57] WU T S, SHAO Y, WANG Y, et al. Surface plasmon resonance biosensor based on gold – coated side – polished hexagonal structure photonic crystal fiber [J]. Optics Express, 2017, 25 (17): 20313 –20322.

[58] HOMOLA J, YEE S S, GANGLITZ G. Surface plasmon resonance sensors: review[J]. Sensors and Actuators B, 1999(54): 3 – 15.

[59] KRALL N A, TRIVELPIECE A W. Principles of plasma physics

[M]. New York: McGraw – Hill Book Company, 1973.

[60] WOOD R W. On the remarkable case of uneven distribution of a light in a diffractived grating spectrum[J]. Philosophical Magazine, 1902(4):396 – 402.

[61] WOOD R W. Diffraction gratings with controlled grove form and abnormal distribution of intensity[J]. Philosophical Magazine, 1912 (23):310 – 317.

[62] FANO U. The theory of anomalous diffraction gratings and of quasi –stationary waves on metallic surfaces: Sommerfeld's waves [J]. Optical Society of America, 1941, 31(3):213 – 222.

[63] RITCHIE R H. Plasma losses by fast electrons in thin films[J]. Physical Review, 1957, 106(5):874 – 881.

[64] POWELL C J, Swan J B. Origin of the characteristic electron energy losses in Aluminum[J]. Physical Review, 1959, 115(4):869 – 875.

[65] STEM E A, FARRELL R A. Surface plasma oscillations of a degenerate electron gas[J]. Physical Review, 1960(120):130 – 136.

[66] RAETHER H. Surface plasmon on smooth and rough surfaces and on gratings[M]. Berlin: Springer – Verlag, 1988.

[67] KURIHARA K, SUZUKI K. Theoretical understanding of an absorption – based surface plasrnon resonance sensor based on Kretchmann's theory [J]. Analytical Chemistry, 2002, 74 (3): 696 –701.

[68] TOYAMA S, DOUMAE N, SHOJI A, et al. Design and fabrication of a waveguide coupled Prism device for surface plasmon resonance sensor[J]. Sensors and Actuators B (Chemical), 2000, 65(1/2/3): 32 –34.

[69] HO H P, WU S Y, YANG M, et al. Application of white light – emitting diode to surface plasmon resonance sensors[J]. Sensors and Actuators B,2001, 80(2):89 – 94.

[70] NELSON S G, JOHNSTON K S, YEE S S. High sensitivity surface Plasmon resonance sensor based on phase detection[J]. Sensors and Actuators B, 1996, 35(1/2/3):187 – 191.

[71] NAKATANI K, SANDO S, SAITO I. Scanning of guanine – guanine mismatches in DNA by synthetic ligands using surface plasmon resonance[J]. Nature Biotechnology, 2001(19): 51 – 55.

[72] WILSON W D. Analyzing biomolecular interactions[J]. Science, 2002, 295(5562): 2103 – 2105.

[73] KARLSSON R. SPR for molecular interaction analysis: a review of emerging application areas[J]. Journal of Molecular Recognition, 2004(17):151 – 161.

[74] SKIDMORE G L, HORSTMANN B J, CHASE H A. Modelling single – component protein adsorption to the cation exchanger s sepharose© FF [J]. Journal of Chromatography A, 1990 (498): 113 –128.

[75] REEDS P J, HAY S M, DORWOOD P M, et al. Stimulation of muscle growth by clenbuterol: lack of effect on muscle protein biosynthesis[J]. British Journal of Nutrition, 1986(56):249 – 258.

[76] ZEMAN R J, LUDEMANN R, ETLINGER J D. Clenbuterol, a beta 2 – agonist, retards atrophy in denervated muscles[J]. American Journal of Physiology,1987, 252(1):152 – 155.

[77] JOHANSSON M A, HELLENAS K E. Immunobiosensor analysis of clenbuterol in bovine hair[J]. Food and Agricultural Immunology, 2003, 15(3/4):197 – 205.

[78] HE P L, WANG Z Y, ZHANG L Y, et al. Development of a label – free electrochemical immunosensor based on carbon nanotube for rapid determination of clenbuterol[J]. Food Chemistry, 2009(112): 707 – 714.

[79] ARESTA A, CALVANO C D, PALMISANO F, et al.

Determination of clenbuterol in human urine and serum by solid - phase microextraction coupled to liquid chromatography[J]. Journal of Pharmaceutical and Biomedical Analysis, 2008(47):641 - 645.

[80] BAZYLAK G, NAGELS L J. Simultaneous high - throughput determination of clenbuterol, ambroxol and bromhexine in pharmaceutical formulations by HPLC with potentiometric detection [J]. Journal of Pharmaceutical and Biomedical Analysis, 2003, 32 (4/5): 887 - 903.

[81] COURANT F, PINEL G, BICHON E, et al. Development of a metabolomic approach based on liquid chromatography - high resolution mass spectrometry to screen for clenbuterol abuse in calves [J]. Analyst, 2009(134): 1637 - 1646.

[82] WANG J P, SHEN J Z. Immunoaffinity chromatography for purification of Salbutamol and Clenbuterol followed screening and confirmation by ELISA and GC - MS[J]. Food and Agricultural Immunology, 2007, 18(2):107 - 115.

[83] ZHAO C, JIN G P, CHEN L L, et al. Preparation of molecular imprinted film based on chitosan/nafion/nano - silver/poly quercetin for clenbuterol sensing[J]. Food Chemistry, 2011(129):595 - 600.

[84] RONCADA P, STANCAMPIANO L, SORI F, et al. Ocular bulb as a matrix of selection in detection of clenbuterol: an effective monitoring in breeding turkey [J]. Journal of World's Poultry Research, 2011, 1(1): 27 - 31.

[85] SCOTT H, SICHERER M D, HUGH A, et al. Food allergy[J]. Allergy and Clinical Immunology Clin Immunol, 2010 (125): 116 -125.

[86] SICHERER S H, SAMPSON H A. Food allergy[J]. Journal of Allergy and Clinical Immunology Clin Immunol, 2006 (117): 470 -475.

[87] LEHRER S B, AYUSO R, REESE G. Seafood allergy and allergens: a review[J]. Mar Biotechnol, 2003, 5 (4): 339 – 348.

[88] 胡志和. 虾类过敏源及消减方法研究进展[J]. 食品科学, 2013, 34 (1): 319 – 323.

[89] MOTOYAMA K, SUMA Y, ISHIZAKI S, et al. Molecular cloning of tropomyosins identified as allergens in six species of crustaceans [J]. Food Chemistry, 2007, 55(3): 985 – 991.

[90] LIEDBERG B, NYLANDER C, LUNDSTROM I. Surface plasmon resonance for gas detection and biosensing[J]. Sensors and Actuators B, 1983(4): 299 – 304.

[91] CULLEN D C, BROWN R G, LOWE C R. Detection of immuno – complex formation via surface plasmon resonance on gold – coated diffraction gratings[J]. Biosensors, 1987, 3 (4): 211 – 225.

[92] HARRIS R D, WILKINSON J S. Waveguide surface plasmon resonance sensors [J]. Sensors and Actuators B, 1995 (29): 261 – 267.